Ronald Kocher

# *Intensivkurs Aquarellmalerei*

Ronald Kocher

# *Intensivkurs Aquarellmalerei*

Komplette Malschule
Schritt-für-Schritt-Anleitungen
Ideal fürs Selbststudium

Augustus Verlag

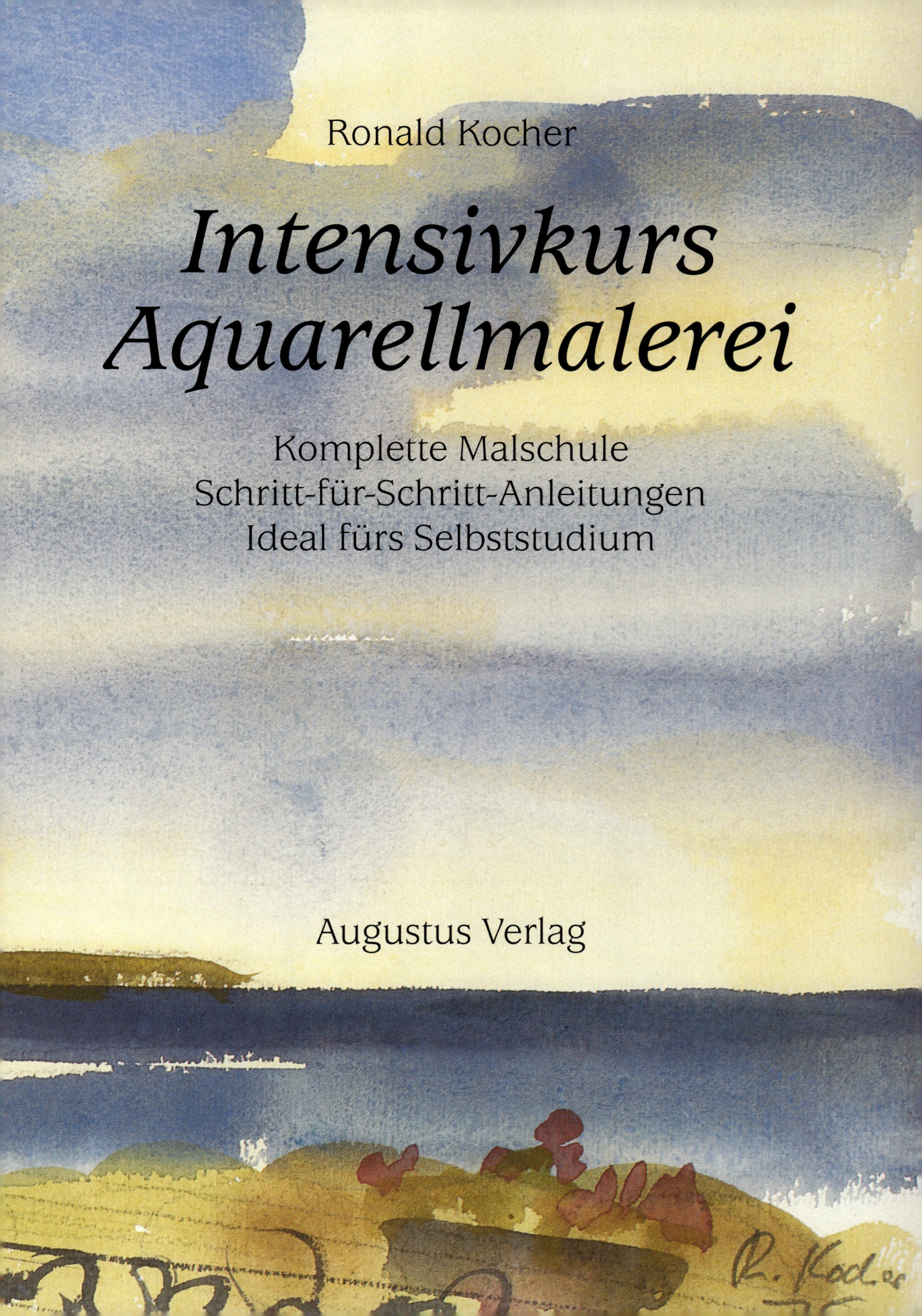

# Inhalt

*Nyon am Genfersee*

# *Vorwort*

Das Aquarell übt besonders auf künstlerisch interessierte und tätige Menschen eine ganz besondere Faszination aus. Es gibt aber auch eine Reihe von praktischen Gründen, die zu diesem Beliebtheitsgrad führen. Aquarellieren ist eine der Maltechniken, die am wenigsten Platz benötigt; sei dies nun am Arbeitsort, in der Maltasche oder im Reisekoffer. Zu Hause benötigen Sie keine Staffelei, da Sie auf jedem Tisch, Stuhl oder sogar auf den Knien arbeiten können. Je nach Temperament und Bedarf können größere oder kleinere Bildformate gewählt werden, obschon ich zum Lernen größere Blöcke empfehle. Die im Handel üblichen Farbnäpfchen sind beinahe unbeschränkt haltbar; ein guter Aquarellpinsel hält bei richtiger Pflege ein Leben lang. Und beliebt ist das Aquarell auch, weil es den spielerischen Umgang mit Farbe und Wasser ermöglicht und der Freude am Experiment und Risiko sehr entgegenkommt.

Als Berufsmaler und langjähriger Kursleiter einer eigenen Malschule habe ich erfahren, wie wenig die vielen technischen Möglichkeiten bekannt sind und angewandt werden. Bildaufbau und die vielfältigen Ausdrucksmöglichkeiten sind den meisten Malern unbekannt. Das vorliegende Buch soll deshalb einen Überblick geben über die wichtigsten Grundtechniken, aber auch moderne Techniken behandeln. Besonders anhand von Lokkerungs- und Farbübungen möchte ich für das Aquarell Gefühl und Verständnis wecken. An Beispielen möchte ich zeigen, wie z. B. für spezielle Effekte der Pinsel auch anders als gewohnt geführt werden kann. Alle Bilder stammen von mir selbst, doch wurden viele der Übungen mit Schülerinnen und Schülern (Erwachsene) durchgearbeitet. Ich bin überzeugt, dem Leser damit direkter zeigen zu können, wie ein Problem anzupacken und zu bewältigen ist. Die Einheit von Theorie und Praxis ist gewährleistet. So können Sie ohne Umwege auf das Wesentliche zugehen. Ich will Ihnen aus Erfahrung zeigen, welchen Weg Sie beschreiten können, um künstlerische Fortschritte zu erzielen. Sie selbst müssen etwas Geduld, Ausdauer und Mut mitbringen.

Ich wünsche Ihnen viel Spaß.

## *Hinweise zum Selbststudium und zu den Übungen*

Zum Üben benötigen Sie kein teures Material. Was ich jedoch empfehle, ist ein großer runder Haarpinsel guter Qualität (mit feiner Spitze) sowie ein »Schlepper« (feiner, dünner Haarpinsel). Billiges Papier kann durch feuchtes Aufziehen auf ein Brettchen ohne weiteres verwendet werden.
Wenn Sie mit dem Aquarellieren beginnen, gehen Sie das Buch der Reihe nach durch und versuchen, die Beispiele nacheinander zu erarbeiten. Mißlingt eine Übung, machen Sie eben einen zweiten Anlauf. Mischungsübungen sind zu Beginn besonders empfehlenswert (Farbkreis etc.). Ich rate Ihnen außerdem, vor dem Malen auf einem separaten Skizzenblock (Schreibblock) den Pinsel auszuprobieren. Wichtige Arbeitsgeräte sind der Lappen (Abtupfen des Pinsels) und ein Schwamm (Reinigen der Palette). Wenn Sie ungeduldig sind, verwenden Sie zwei Malblöcke parallel: Während Sie auf einem arbeiten, kann der andere trocknen!

Besitzen Sie im Aquarell schon etwas Übung, versuchen Sie anhand der Anregungen, eigene Motive zu finden und zu malen. Falls Sie Fotografien verwenden möchten, empfehle ich Schwarz-Weiß-Aufnahmen, damit Sie farblich Ihre eigene Phantasie entfalten können. Versuchen Sie nie, Farbstimmungen von Farbaufnahmen zu kopieren. Entwickeln Sie Ihre eigenen Vorstellungen und bedienen Sie sich der Fotos oder Vorlagen nur als Mittel zum Zweck.

*Friedhof von Büren an der Aare*

# *Materialübersicht*

## *Einfache Ausstattung*

① Kartonrolle (Wellpappe) als Pinselhalter
② Malkasten mit Näpfchen (Studienfarben)
③ Großer und kleiner Aquarellpinsel
④ Aufgezogenes Papier
⑤ Zwei Malblöcke
⑥ Kleiner Skizzenblock
⑦ Kleines Naturschwämmchen
⑧ Mallappen
⑨ Minenhalter mit Bleistiftmine 2B
⑩ Weicher Radiergummi
⑪ Verschließbarer Wasserbehälter, z. B. Feldflasche
⑫ Konservenbüchse als Wassergefäß

# *Wertvolle Ausstattung*

① Pinselrolle
② Farbkasten mit Tuben (Künstlerfarben)
③ Farbkasten mit Näpfchen (Künstlerfarben)
④ Großer und kleiner Aquarellpinsel
⑤ Dünner Aquarellpinsel (Schlepper)
⑥ Zwei größere Malblöcke
⑦ Kleiner Skizzenblock
⑧ Naturschwamm
⑨ Mallappen
⑩ Minenhalter mit Bleistiftmine 2B
⑪ Weicher Radiergummi
⑫ Heftklammern
⑬ Wasserkrug
⑭ Wasserglas

## *Zusätzliches Material*

① Japanpinsel
② Japanstift zum Anreiben von Tusche mit Anreibeschale
③ Flüssige Tusche
④ Federkiel für Tuschzeichnung
⑤ Rohrfeder für Tuschzeichnung
⑥ Spitzfeder für Tuschzeichnung

⑦ Acrylfarbe zum Vorzeichnen
⑧ Holzkohle zum Vorzeichnen
⑨ Knetgummi zum Auswischen der Kohle
⑩ Wasserfester Filzstift zum Vorzeichnen
⑪ Wasserfeste Farbstifte zum Vorzeichnen
⑫ Rötelstift und Rötelkreide zum Vorzeichnen
⑬ Borstenpinsel für Spritztechnik
⑭ Ölkreide zum Abdecken
⑮ Wachskerze zum Abdecken
⑯ Abdeckfilm flüssig
⑰ Fixativ in Spraydose
⑱ Fixativ mit Röhrchen
⑲ Wasserlösliches Klebeband zum Aufziehen von Blättern

# Grundtechniken

## Tupftechnik

Diese Aquarelltechnik wird sehr häufig angewandt. Sie kann zu großzügigen Kompositionen führen (Beispiel: Impressionisten), aber leider auch zu kleinlichen Bildern. Diese Gefahr besteht dann, wenn nur mit kleinen Tupfern gearbeitet wird. Besser ist es, große, helle Farbtupfer zu untermalen und die kleineren, dunkleren Flecken nachträglich aufzutragen. Beim Aquarell lassen sich auf feuchtem Grund auch verschwommene Flecken herstellen.

Beim Malen gilt es, eine Grundregel zu beachten: Man verwende die großen Pinsel zuerst. Erst zum Schluß hin wird mit kleinerem Pinsel zum Andeuten der Einzelheiten gearbeitet.

*Giessbach mit Brienzersee*

# *Strichtechnik*

Mit dieser Technik können viele Möglichkeiten ausgeschöpft werden. Allerdings sollte man auf konsequente Anwendung der Linien achten. Unser Beispiel zeigt ein Aquarell mit senkrechten und waagrechten Strichlagen, welche sich besonders für architektonische Darstellungen eignen. Auch hier werden helle und breite Striche zuerst untermalt. Durch nebeneinandergesetzte gleiche Farbtöne können auch Flächen entstehen (Beispiel: Himmel). Kleinere und dunklere Striche für Fenster, Türen, Kamine etc. werden zum Schluß aufgetragen. Die Strichtechnik wurde oft von den Expressionisten angewandt, am eindrücklichsten durch den Maler Vincent van Gogh.

*Bei der »Gare de Lyon«, Paris*

# *Verlaufstechnik*

Das Zerfließenlassen der Farben ist eine für das Aquarell besonders geeignete Technik. Verläufe entstehen entweder durch Vorfeuchten des Malgrundes mit Schwamm oder Pinsel oder indem man die Farben vor dem Antrocknen ineinanderlaufen läßt. Das ergibt besonders weiche Untergründe und eignet sich sehr gut für jegliche Untermalung. Aber auch beim schnellen Arbeiten, wo oft nicht gewartet werden kann, bis die Farbe antrocknet, entstehen verschwommene Farbflächen. Unser Beispiel zeigt eine solche Farbskizze, die zum Bestimmen der Farben vor dem tatsächlichen Malen sehr geeignet und empfehlenswert ist.

*Monte Rosso, Hafen*

# Kombination der Techniken auf flüssigem Malgrund

Ein Kombinieren der drei Grundtechniken kann wirkungsvoll sein, setzt jedoch den gekonnten Umgang mit sämtlichen doch sehr verschiedenen Malweisen voraus. Die Gefahr ist groß, daß das Bild zu unruhig wirkt. Ich empfehle deshalb sehr, der einen oder anderen Technik den Vorrang zu geben, auch in der Kombination.
In unserem Beispiel wird dem Zerfließen der Farben die Hauptaufmerksamkeit geschenkt, während Strich- und Tupftechnik nur ergänzend in Blumen und Gräsern Verwendung finden.

*An der Nordsee, Frankreich*

# Lockerungsübungen

## Arbeiten mit einer Farbe

Mit einem großen, runden Aquarellpinsel lassen sich dünne und dicke Striche malen. Für unsere Lockerungsübungen ist dies die erste Voraussetzung. Je flacher der Pinsel geführt wird, desto breiter wird der Strich. Um dünne Striche zu erzielen, halten Sie den Pinsel steil aufgerichtet.

### Übung 1: Tupftechnik

In einer Schale oder im Deckel des Aquarellkastens wird eine dünne Farbe vorgemischt. Ohne viel zu überlegen, lassen Sie den Pinsel laufen und versuchen, möglichst breite Farbtupfer in einem Strich herzustellen. Dazu legen Sie den Pinsel möglichst flach auf das Papier. Für ganz breite Tupfen setzen Sie mehrmals an. Nun lassen Sie die Farbe trocknen und beginnen mit den dünnen Farbtupfern. Dabei wird die Farbe stärker vorgemischt und Sie malen die kleineren Tupfen teilweise über die bereits vorhandenen breiten Flecken. Je lockerer Sie den Pinsel halten, umso lebendiger wird das Bild. Führen Sie den Pinsel auch in verschiedenen Richtungen.

### Übung 2: Strichtechnik

Mit derselben Farbe wiederholen Sie die Übung mit Strichen. Wollen Sie zuerst den Farbkasten reinigen, benutzen Sie den Schwamm. Der Lappen wird zum Abtupfen der Farbe benötigt, wenn der Pinsel weniger Farbe enthalten soll.

1

2

Zuerst wieder eine dünnflüssige Farbe vormischen. Mit möglichst breiten Strichen wird untermalt, wobei Sie den Pinsel locker und ganz nach Lust und Laune über das Papier gleiten lassen. Nach dem Antrocknen wird die gleiche Farbe dunkler vorgemischt und mit dünnen Strichen teilweise übermalt. Je steiler die Pinselhaltung, desto dünner der Strich. Den Druck auf den Pinsel möglichst gering halten.

Übungen wie 1 und 2 sollten möglichst oft auf mehreren Blättern praktiziert werden. Dafür eignet sich auch ein gewöhnliches Skizzenpapier.

## *Übung 3: Verlaufstechnik*

Sie lassen mit flach geführtem Pinsel und verschiedenen Bewegungen helle und dunkle Farben ineinanderlaufen. Je mehr Wasser verwendet wird, desto wichtiger ist ein gutes, saugfähiges und festes Aquarellpapier (siehe Materialübersicht S. 8/9). Auch bei dieser Übung lassen sich die verschiedenen Farbakzente besser steuern, wenn zuerst mit dünner, flüssiger Farbe gearbeitet wird und nachträglich in das noch feuchte Papier dunklere Farben aufgesetzt werden. Achten Sie darauf, daß dabei verschiedene Abstufungen von hellen und dunklen Farbtönen entstehen.

*3*

## *Übung 4: Kombinierte Technik*

Bei diesem Versuch kombinieren Sie die drei vorangegangenen Farbübungen. Sie beginnen zuerst mit den hellen Farben der Übung 3, kombinieren nach dem Trocknen mit den Übungen 1 und 2. Je spielerischer Sie mit dem Pinsel umgehen, umso eher entstehen interessante Zufälle, die wesentlichen Anteil an einem gelungenen Aquarell haben.

*4*

# Arbeiten mit mehreren Farben

## *Übung 1: Tupftechnik in Gelb und Rot*

Mit verschiedenen Gelb-, Ocker- und Brauntönen erstellen Sie in Tupftechnik eine freie Komposition. Um unterschiedliche Gelbwerte zu erhalten, mischen Sie mit Zinnoberrot; verschiedene Braun erreichen Sie durch Mischung mit Rot und Schwarz (siehe Farbkreis S. 26f.). Beim Aquarell ist ein schichtweiser Bildaufbau notwendig, wollen Sie kein Durcheinander und schmutzige Farben bekommen.

Eine Grundregel lautet, daß zuerst mit den hellsten Farben gearbeitet wird, und die dunkelsten zuletzt aufgetragen werden. Nach jedem Farbauftrag lassen Sie den Grund leicht antrocknen. Mit waagrechten und senkrechten Bewegungen versuchen Sie, mit jeder Farbe große und kleine Farbtupfer anzulegen. Je unregelmäßiger die Abstände und Größenverhältnisse sind, umso interessanter wird die Komposition.

1

2

## *Übung 2: Strichtechnik in warmen Erdfarben mit Grünkontrast*

Mit ähnlichen Farben wie für Bild 1 malen Sie bewegte Formen in größeren und kürzeren Strichen; die dünnen Linien folgen erst am Schluß. Ein besonders schönes Braun ist neben gelbem Ocker und Umbra natura die gebrannte Siena (alle drei sind Erdfarben). Auf dem angetrockneten gelben Grund werden diese Farbtöne der Reihe nach aufgetragen, möglichst mit freien Bewegungen und in unregelmäßigen Abständen. Zum Schluß bedienen Sie sich einer einzigen Kontrastfarbe: Grün. Um ein dunkles Grün zu erhalten, mischen Sie mit Schwarz. Braun kann auf die gleiche Weise verdunkelt werden. Wenn Sie sich unsicher sind, mischen Sie die Farben im Aquarellkastendeckel vor und erstellen zunächst einmal Muster auf einem separaten Skizzenblock. Dieses Vormischen ist immer nützlich und angebracht.

*WICHTIG:*
Bei einem Aquarell übermalen Sie das Blatt nie vollständig. Es ist von Vorteil, wenn weiße Stellen erhalten bleiben.

## *Übung 3: Ineinanderlaufen von Gelb und Blau*

Das verschwommene Aquarell oder das Naß-in-Naß-Malen bedarf einer spontanen Arbeitsweise. Mit feuchtem Schwamm bestreichen Sie zuerst die Malfläche. Auch wenn – wie in unserem Beispiel – mehrheitlich mit Blau gearbeitet wird, untermalt man mit einem warmen Farbton. Das hat den Vorteil, daß die Blautöne stärker variieren: Teilweise erhalten Sie ein Grünblau, dank dem gelben Untergrund. In die noch feuchten Farben werden den Blautönen entsprechend zuerst die helleren Farben eingetragen. Um dunkle Blau zu erzielen, mischen Sie Karminrot mit Ultramarin (leichtes Violett). Wenn erforderlich verwenden Sie auch Schwarz. Vor reinem Schwarz sei gewarnt, da dieses gerne zu selbständig wirkt und die anderen Farben beeinträchtigt. Elfenbeinschwarz ist das härteste Schwarz; weniger intensiv sind Rebschwarz oder Lampenschwarz.

*3*

*4*

## *Übung 4: Kombinierte Technik*

Wie in der vorausgegangenen Übung mit einer Farbe kombinieren Sie auf einem verlaufenden Grund Tupf- und Strichtechnik. Hierzu wählen Sie einen Grünklang. Legen Sie mit der ganzen Pinselfläche auf einem angefeuchteten Grund zarte Gelb- und Ockertöne in größeren Flecken an. Nach dem Antrocknen werden in Tupftechnik zarte Grüntöne übermalt. Diese erreichen Sie, wenn Sie mit hellem Blau über den gelben Unterton malen. Auf die unregelmäßig hingesetzten Tupfen werden am Schluß dicke und dünne Linien, teils in warmem Grün (Beimischen von Rot oder Orange), teils in kaltem Grün (Mischung mit Blau), gesetzt. Fertige blaugrüne Farben sind Türkisblau und Preußischblau (dies nur zurückhaltend anwenden!).

Die hier besprochenen Übungen sind dann sehr nützlich, wenn sie mehrmals wiederholt werden. Ich verwende sie in kleinem Format jeweils zum Erstellen von Farbskizzen.

Mit den folgenden Übungen in den Themen »Landschaft« und »Wasser« können Sie einfach und ohne theoretische Vorkenntnisse zu aquarellieren beginnen.

# Landschaft

## Arbeiten nach Bleistiftskizze

Das Bemühen, den Gesamteindruck über die Ausarbeitung der Einzelheiten zu stellen, sollte beim Zeichnen und Malen im Vordergrund stehen. Es ist für das künstlerische Schaffen viel wertvoller, mit wenigen Strichen einen Eindruck des Gesehenen wiederzugeben, als sich in Einzelheiten zu verlieren. Gerade bei der Farbgebung entscheidet der vorherrschende Eindruck über Frische oder Stumpfheit des Bilds.

*1* Sie verwenden eine einfache Bleistiftskizze einer Landschaft. Besonders hilfreich beim Malen ist es, wenn mit einfachen Schraffuren gezeigt wird, wo sich dunkle und helle Töne befinden. Ist dies nur ungenügend ausgearbeitet, holen Sie es nach; notfalls sogar durch eine neue, bessere Bleistiftskizze.

*2* Mit kühnen, kurzen Strichbewegungen (und ohne Vorzeichnung!) lassen Sie dem Pinsel möglichst freien Lauf und versuchen – in ähnlichen Bewegungen wie für die Schraffuren der Zeichnung –, diese mit dem Pinsel nachzuvollziehen. Wenn über die vorgesehene Fläche gemalt wird, spielt dies überhaupt keine Rolle. Viel wichtiger ist, daß die gesamte Farbgebung so reichhaltig wie möglich ist. Damit immer wieder übermalt werden kann, legen Sie zuerst alle hellen – gelblichen und braunen –Töne im ganzen Bild an. Am einfachsten prägt sich dies mit dem Farbkreis ein (siehe S. 27): Von Gelb bis Rot reichen die warmen Farben; diese in der dargestellten Reihenfolge zuerst malen (innersten Kreis beachten!). Nach dem Antrocknen wird wie bei den Lokkerungsübungen gemalt. Jede Farbe wird im ganzen Bild durchgezogen. Falsch wäre es, die obere oder untere Bildhälfte zuerst fertigzumalen und anschließend das Bild zu ergänzen.

1

2

*Crans sur Sierre, Wallis*

# Arbeiten nach Phantasie

Die Vorgehensweise bei dieser Übung ist dieselbe wie auf S. 19, Übung 4. Wenn es bei der früheren Übung darum ging, mit verschiedenen Stricharten eine grüne Farbkomposition zu erreichen, versuchen wir nun – besonders bei den bewegten Strichen –, Sträucher oder kleine Baumgruppen anzudeuten. Unser Beispiel stellt blühende Bäume dar.
Sie beginnen mit verschiedenen Gelbtönen und verteilen diese mit größeren und kleineren Tupfern auf das Blatt. In die noch feuchte Farbe verteilen Sie mit lockeren Bewegungen Ocker, Hellbraun und Rot. Betrachten Sie das vor Ihnen liegende Blatt, und Sie werden feststellen, daß das scheinbar beliebige Verteilen von Farben Ihre Phantasie anregt. So können Sie viel leichter entscheiden, wie und wo Ihre Bäume zu stehen kommen. Mit feinen Strichen (Pinsel aufstellen!) und verschiedenen Farben (ohne Blau) zeichnen Sie Äste, Stämme und vielleicht auch Blüten. Durch eine waagrechte Linie deuten Sie den Boden an. Erst zum Schluß und nach gründlichem Trocknen arbeiten Sie mit Blau: zuerst wiederum die hellen Töne (verdünntes Kobaltblau) und anschließend einige Akzente mit Ultramarin. Es spielt gar keine Rolle, ob Einzelheiten zu erkennen sind; wichtig ist der Farbeindruck insgesamt. Ist man mit dem Ergebnis nicht zufrieden, ist es gescheiter, nochmals ein Blatt zu beginnen, als die Arbeit zu verquälen. Aquarellfarben wollen spontan hingesetzt werden. Ihnen bleibt überlassen, welche Farben im Bild dominieren.

*Blühende Pfirsichbäume*

# Wasser

## Fluß oder See – Kombination Verlaufs- und Strichtechnik

Wie der Name bereits sagt, ist Aquarellieren eine ausgesprochene Wassertechnik. Deshalb eignen sich zum Aquarellieren die Wasserlandschaften besonders gut.

1

2

*1* Bei Wasserlandschaften dominieren die horizontalen Linien. Deshalb führen Sie nach dem Anfeuchten des Blattes mit einem Schwamm den Pinsel locker und vorzugsweise in waagrechten Richtungen. Mit Citrongelb beginnen Sie die Grundierung und variieren das Gelb teilweise in leichtes Rotgelb (Mischung mit Zinnoberrot). In den noch feuchten Grund läßt man ein ebenfalls verdünntes Kobaltblau laufen (im Himmel und im Wasser). Das Verlaufen der Farbe fördert die Wirkung des Wassers.

*2* Nach dem Trocknen verstärken Sie die Linie am Horizont mit Orangegelb und deuten mit hellem Grün die Bäume an. Versuchen Sie durch Vormischen auf der Palette oder im Farbkastendeckel die diversen Töne zu erzielen, da das Grün oft sehr intensiv wirkt und nie direkt aus der Tube oder dem Farbnäpfchen aufgetragen werden sollte. Zuletzt erfolgt die Andeutung der Uferbäume mit dunklem Blau (Ultramarin) und Grün (Grün mit Blau vermischen). Auf keinen Fall die Einzelheiten zu sehr hervorheben! Lassen Sie auch offene, weiße Stellen in Hinblick auf die Frische und Lichtwirkung im Blatt stehen.

*TIP:*
Malen Sie die Farbe nie direkt vom Näpfchen oder aus der Tube auf das Blatt, sondern mischen Sie sie vorher im Kastendeckel vor. So vermeiden Sie unangenehme Überraschungen.

*Am Rhein*

# *Meer und Felsen – Strichtechnik, teilweise verlaufend*

Eine Meerlandschaft mit Wellen und Felsen verlangt nach einer bewegten Pinselführung, für die am besten die Strichtechnik geeignet ist.

*1* Zum Untermalen sind ruhige, größere Flächen von Vorteil, damit sich zusätzliche Farben besser abheben können. Mit dem Schwamm wird das Blatt angefeuchtet und anschließend ein Ockerton möglichst großflächig verteilt. Auf die noch feuchte Schicht setzen Sie den braunen (gebrannte Siena) und rötlichen (Karminrot) Akzent.

*2* In waagrechten, freien Bewegungen tragen Sie helles Blau (Türkis und Kobalt) auf den angetrockneten Grund, achten jedoch darauf, daß die erste Farbschicht teilweise noch sichtbar bleibt. Durch Übermalung des Ockertones entstehen grünliche Blautöne. Durch flüssigen Auftrag lassen Sie die Farben leicht ineinanderlaufen. Zusätzlich wird eine zweite Schicht von Ocker- und Brauntönen angebracht.

*3*

*4*

*3* Nun werden die eigentlichen bewegten Formen mit intensiverer Farbe angelegt. Das spontane Eintragen der Wellen und des Himmels mit breitem Pinsel sowie der Felsen im Vordergrund steht an erster Stelle.
Durch Vormischen auf der Palette versuchen Sie, diverse Blau und Blaugrün zu erzielen. Die kleineren Strukturen kommen zuletzt, ebenso die dunklen Braun und das Blau der Felsen.

Geraten die Linien mit dem aufrechtgestellten breiten Pinsel nicht fein genug, wählen Sie zum Andeuten der Struktur einen dünneren Aquarellpinsel, lassen sich jedoch nicht verführen, sich zu sehr in Einzelheiten zu verstricken.

Nach Wunsch können die Farben noch durch zusätzliche Farbtöne ergänzt werden.

Ich empfehle dabei:
1 Chinesischweiß, 2 Indischgelb, 3 Karminorange, 4 Krapplack, 5 Kobaltviolett, 6 Englischrot, 7 Caput Mortuum, 8 Sepiabraun, 9 Coelinblau, 10 Indigo, 11 Echtgrün Olive, 12 Elfenbeinschwarz.

Selbstverständlich kann je nach Vorliebe und Geschmack gewählt werden. Ich mache jedoch darauf aufmerksam, daß ein gutes Aquarell nicht durch möglichst viele Farbtöne entsteht, sondern durch richtiges Auftragen und Mischen der bereits vorhandenen Farben. Entscheidend sind das Übereinandermalen der Farben und die Vielfalt an Helligkeits- und Dunkelwerten einzelner Farbtöne.

*Cinque Terre, Italien*

# Die wichtigsten Farben und ihre Anordnung im Malkasten

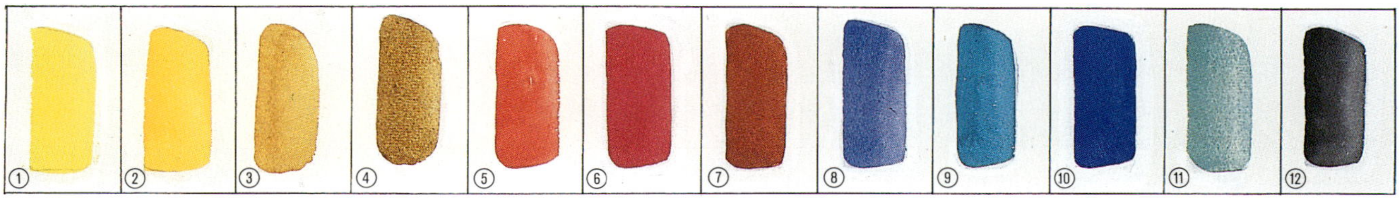


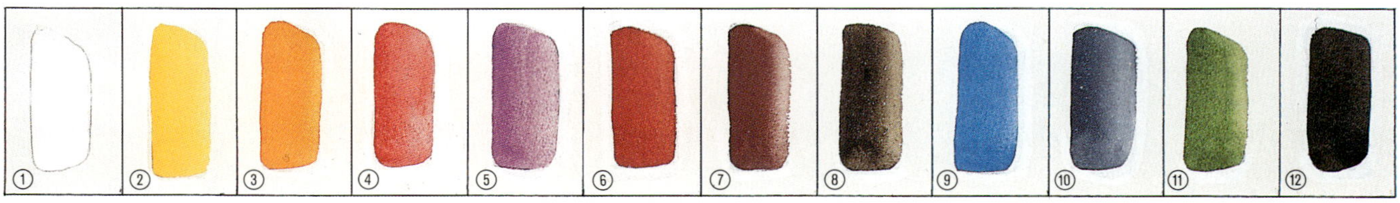


Wenn möglich kaufen Sie keinen kompletten Aquarellkasten, sondern bestücken ihn selbst mit Farben. Dabei lohnt es sich, die Farbkarten zu studieren, da die Bezeichnungen nicht bei jeder Farbmarke gleich lauten oder gewünschte Töne vielleicht nicht erhältlich sind. Durch richtiges Mischen lassen sich viele Farben mit Leichtigkeit selbst herstellen. Unerläßlich ist es, die Grundfarben zu kaufen, da diese selbst nicht nachzumischen sind. Weiterhin halte ich zum Aquarellieren folgende Farben für notwendig:
① ***Citrongelb*** ist eine der drei Grundfarben und kann selbst nicht gemischt werden.
② ***Kadmiumgelb*** dunkel ist ein hochwertiges Dunkelgelb (anorganische Mineralfarbe).
③ ***Ockergelb*** ist eine natürliche Erdfarbe und verträgt sich mit jedem Farbton.
④ ***Umbra Natur*** ist neben Siena Natur eine ausgesprochen neutrale Erdfarbe.
⑤ ***Kadmiumrot*** ist ein leuchtendes Rot und eignet sich ausgezeichnet zum Mischen von Orange. Die edelste Form dieses Rots wird aus Mineralfarben hergestellt, dem sogenannten Kadmiumrot hell.
⑥ ***Karminrot*** ist ebenfalls eine anorganische, künstliche Mineralfarbe und eine der drei Grundfarben.
⑦ ***Gebrannte Siena.*** Eine gebrannte Erdfarbe aus der Gegend von Siena. Dieses Braun ist sehr neutral und kann durch Mischen vielseitig verwendet werden.
⑧ ***Kobaltblau,*** eine anorganische, künstliche Mineralfarbe mit hellem, klarem Charakter. Es wird meistens von allen Blau zuerst gebraucht.
⑨ ***Türkisblau*** ist ebenfalls ein helles Blau mit leicht grünlichem Ton, verwandt mit der Mineralfarbe Coelinblau.
⑩ ***Ultramarinblau*** ist wohl das wichtigste Blau und gehört als Mineralfarbe zu den drei Grundfarben.
⑪ ***Kobaltgrün*** ist eine Mineralfarbe, die sich gut mit den Blautönen verträgt. Gewöhnlich haben die meisten Aquarellmaler mit Grün große Schwierigkeiten.
⑫ ***Rebschwarz*** ist eine organische, künstliche Teerfarbe. Es ist kein Vollschwarz und verträgt sich deshalb gut mit den anderen Farben.

Möchten Sie zusätzliche Farben anschaffen, so empfehle ich folgende Töne (untere Reihe):
① ***Chinesischweiß*** zum Erhellen oder nachträglichen Auftrag (z. B. Lichter).
② ***Indischgelb,*** eine organische, natürliche Tierfarbe.
③ ***Kadmiumorange*** ist eine anorganische, künstliche Mineralfarbe.
④ ***Krapplack Rose,*** eine organische, natürliche Pflanzenfarbe.
⑤ ***Kobaltviolett,*** ein sehr schönes Violett aus anorganischen Mineralstoffen.
⑥ ***Brauner Krapplack*** oder ***Englischrot,*** eine organische natürliche Pflanzenfarbe.
⑦ ***Caput Mortuum,*** ein spezielles Braunviolett (Mineralfarbe).
⑧ ***Sepia Braun,*** natürliche Tier- und Pflanzenfarbe.
⑨ ***Coelinblau,*** Mineralfarbe.
⑩ ***Indigo*** ist ein spezielles Graublau und ebenfalls nicht völlig mischbar.
⑪ ***Echtgrün Olive,*** eine organische, künstliche Teerfarbe.
⑫ ***Elfenbeinschwarz,*** eine ebenfalls organische, künstliche Teerfarbe. Für Fälle, in denen ein tiefes Schwarz benötigt wird.
Die besprochenen Farben sind so angeordnet, daß ohne langes Überlegen in richtiger Reihenfolge gemalt werden kann. Das Anlegen der hellen und warmen Farbtöne sollte beim Malen möglichst zuerst erfolgen. Dunkle Farben lassen sich mit Leichtigkeit über helle Töne malen, umgekehrt jedoch nicht. Deshalb ist das richtige Einreihen der Farben im Malkasten und auf der Palette äußerst wichtig und hilfreich.

# Übungen zum Farbmischen

Malen Sie mit einer bestimmten Farbe (z. B. Gelb, Rot, Blau), so spricht man in der Fachsprache von einem *Farbton*. Mischen Sie diese Farbe mit Weiß oder Schwarz, verändern Sie den Farbton in einen bestimmten *Farbwert*. Jede Farbe kann in beliebig viele Farbwerte umgesetzt werden. Beim Malen wird dies leider viel zu wenig berücksichtigt. Falsch ist die Auffassung, ein reichhaltiges Bild entstehe nur durch Anwendung möglichst vieler Farbtöne. Dabei ist gerade das Gegenteil der Fall. Je weniger Farben Sie in einem Bild verwenden, desto größer ist die Chance für eine echte Farbharmonie. Um trotzdem Vielfalt und Leben in das Bild zu bringen, ist jedoch Grundbedingung, daß jeder Farbton in möglichst viele verschiedene Farbwerte gebracht wird.

Helle und dunkle Farbwerte in einer Gesamtkomposition zu vereinen, ist unerläßlich. Deshalb sind folgende Farbübungen von größter Wichtigkeit.

### *Übung 1: Helligkeitswerte der drei Grundfarben*

Beim Aquarellieren kann im Grunde auf Weiß verzichtet werden, da Aquarellfarben transparent sind und der weiße Grund des Papiers die Helligkeit mit bestimmt. Aquarellweiß stumpft die Farben ab. Verwendet wird es in der Regel nur zum Anbringen von Lichtern an Stellen, die vergessen wurden. Auf keinen Fall sollten Sie für Aquarelle Deckweiß benutzen.

In dieser Übung mischen Sie den reinen Ton der drei Grundfarben Citrongelb, Karminrot und Ultramarinblau bis zum Weiß des Papiers ab – und zwar lediglich durch Zugabe von mehr oder weniger Wasser. Betrachtet man die mit einem Pinselstrich aufgetragenen Farbwerte, so entsteht selbst innerhalb des einzelnen Abstrichs eine Schattierung von Hell zu Dunkel (siehe Pinselhaltung S. 22,34). Gerade diese Vielfalt verleiht dem Aquarell Lebendigkeit.

### *Übung 2: Erstellen eines vollständigen Farbkreises*

Jede Farbe kann auch mit Schwarz verändert werden. Dabei entstehen oft ungeahnte neue Farbwerte. Sämtliche Braun können so gemischt werden (diverse Rot in Verbindung mit Schwarz). Und Gelb mit Schwarz ergibt beispielsweise ein schönes Olivgrün.

Um die Farben besser kennenzulernen und sich mit dem Mischen vertraut zu machen, ist das Erstellen eines Farbkreises eine sehr empfehlenswerte Übung. Diese Farbtabelle in Kreisform entsteht nur aus den drei Grundfarben und Schwarz. Hier wird die große Bedeutung der Grundfarben anschaulich.

Mit einem Zirkel oder drei verschieden großen Scheiben zeichnen Sie zuerst drei Kreise auf, die in gleichen Abständen ineinanderliegen. Den innersten Kreis teilen Sie in 12 gleiche Segmente. In diesen Feldern mischen Sie die verschiedenen Farbtöne mit satten, also kaum verdünnten Farben, und tragen zuerst die drei Grundfarben ein: Citrongelb oben, Karminrot in das 5. Feld, Ultramarinblau in Feld 9. Zwischen den Grundfarben bleiben jeweils drei Felder leer. In Feld 3 mischen Sie zu gleichen Teilen Citrongelb und Karminrot. Dabei entsteht Orange. In Feld 2 wird mit mehr Gelb und weniger Rot gemischt, dabei sollte ein Dunkelgelb entstehen. In Feld 4 wird mit mehr Rot und weniger Gelb gemischt; dabei sollte ein Rot entstehen, das Zinnober ähnlich ist. Genauso verfahren Sie in den nächsten Kreisdritteln: durch Mi-

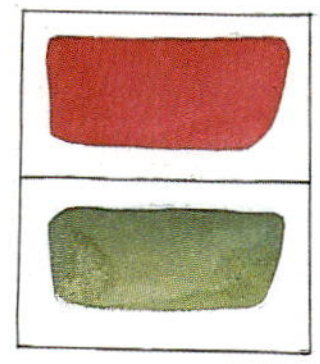

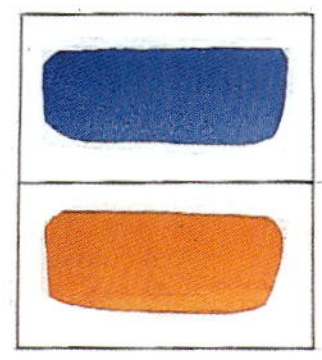

schen von Karminrot und Ultramarinblau für die Felder 6, 7 und 8 und von Ultramarinblau und Gelb für die Felder 10, 11 und 12. Alle hier gemischten Farbtöne nennt man die *reinen Farben.* Es fällt auf, daß ähnliche Farben in gleicher Reihenfolge entstanden sind wie die der besprochenen Farben für den richtigen Einkauf. Beim Mischen des mittleren und äußeren Farbkreises wird wie folgt vorgegangen: Zuerst verlängern Sie die Radien des inneren Farbkreises nach außen; dabei entstehen die neuen Felder. Im äußersten Farbkreis liegen ausschließlich helle Pastelltöne; diese erhalten wir durch Verdünnen der Farben aus dem innersten Farbkreis mit Wasser. Vor dem weißen Hintergrund wirken die Farben hell und transparent (siehe Übung 1, S. 26).

Für den mittleren Farbkreis vermischen Sie jede Farbe des innersten Kreises mit ein wenig Schwarz. Es empfiehlt sich, im Kastendeckel vorzumischen und auf einem Blatt Proben anzufertigen. Als Ergebnis erhalten Sie sämtliche Schwarzmischungen; u. a. Ocker, Brauntöne, Schwarzviolett, Schwarzblau und Grünschwarz.

Der vollständige Farbkreis enthält schließlich die reinen Farben (innerster Kreis) und deren Farbwerte (mittlerer und äußerer Kreis).

## *Übung 3: Die Komplementärfarben*

Der Farbkreis stellt noch in anderer Hinsicht eine wertvolle Hilfe dar: Oft suchen wir nach Farben, die gut zusammenpassen. Eine ideale Kombination ist in den sogenannten *Komplementärfarben* gegeben. Sie sind für das Auge sehr angenehm und in der Natur oft anzutreffen. Im Farbkreis stehen sie sich gegenüber: Zum Beispiel ist die Komplementärfarbe von Gelb Violett, und von Rot ist sie Grün. In der Kunstgeschichte gab es Strömungen, in denen fast ausschließlich mit Komplementärfarben gearbeitet wurde (Pointillisten und Fauves, Beginn des 19. Jahrhunderts). Auch in den Bildern bekannter Maler entdecken wir in einem Ausschnitt oft Komplementärfarben.

In zwei ineinanderliegende oder benachbarte Felder oder Kreise setzen Sie die Komplementärfarben zu den Grundfarben. Es sind dies Citrongelb und Violett, Karminrot und starkes Grün sowie Ultramarinblau und Orange.

In diesem Meerbild dominieren Orangegelb und Blau, beides Komplementärfarben.

*Monte Rosso*

# Wolken

Für Wolken gibt es beliebig viele Variationsmöglichkeiten; deshalb lassen Sie Ihrer Phantasie freien Lauf. Sie wählen eine befreiende Technik und beginnen ohne Vorzeichnung zu malen.

## Berglandschaft – Tupftechnik

*1* Bemalen Sie Ihre Bildfläche mit großen Farbtupfern in verschiedenen Gelbvariationen. Für größere Tupfer setzen Sie mehrere nebeneinander. Die hellgelben, dunkelgelben und rötlichen Farben lassen Sie teilweise ineinanderlaufen, achten jedoch darauf, daß noch weiße Stellen erhalten bleiben.

*2* Bevor Sie Blau- und Grüntöne anlegen, lassen Sie die Fläche leicht antrocknen. Besonders bei Blau und Grün ist es entscheidend, daß die hellsten Farbtupfer zuerst gemalt werden. Sie verteilen diese möglichst unregelmäßig und lassen an gewissen Stellen konzentriertere Flächen entstehen (im Beispiel: Himmel links und Berg).

*3* Wenn Sie nun die dunklen Akzente setzen, sollten Sie die Grundstimmung des Bildes besonders im Auge behalten. In unserem Beispiel dominieren die warmen Farben (Gelb, Orange, Rot). Also Blau nur zurückhaltend einsetzen! Zum Schluß mit aufgerichtetem Pinsel die Landschaft andeutungsweise einzeichnen. Es entsteht ein lebendiges Spiel von nassen und trockenen Stellen, von hellen und dunklen Farbflecken, bei dem die Gesamtwirkung im Vordergrund steht.

*1* *2*

3
Zuoz, Engadin

# Waldlandschaft – Strichtechnik

Auch mit kurzen, bewegten Strichen lassen sich interessante Bilder malen, besonders, wenn Naß in Naß gearbeitet wird, so daß die Farben teilweise ineinander verlaufen.

1

2

*1* Ohne Vorzeichnung werden zuerst die zarten und hellen Farben gemalt; Gelb und Ockertöne zuerst, Kobaltblau und Grün zuletzt. Es ist von Vorteil, wenn das Blatt vorher mit dem Schwamm etwas angefeuchtet wird, damit die Farben teilweise ineinanderlaufen.

*2* Im noch leicht feuchten Malgrund werden die Pinselschwünge mit kräftigeren Farben verstärkt. Für die violetten Farbwerte mischen Sie Kobaltblau mit Karminrot (Bild 1) und Ultramarinblau mit Karminrot (Bild 2). Die Bergwiese und die Fichten werden mit Grün kurz untermalt. Auch das Grün versuchen Sie selbst zu mischen (mit Citrongelb und verschiedenen Blau). Im Himmel kann zusätzlich noch mit Coelinblau gearbeitet werden.

*3* Nun werden die Details angelegt. Für feine Linien verwenden Sie zusätzlich einen dünnen Aquarellpinsel. Möchten Sie erreichen, daß sich die Bäume gut vom Himmel abheben, so darf erst gezeichnet werden, wenn die Farbe gut angetrocknet ist.

Zunächst werden in den Stämmen mit breiten Strichen Akzente gesetzt. Dazu verwenden Sie auch gebrannte Siena und ein Grün aus dem Farbkasten (Kobalt- oder Echtgrün).

Beim Einzeichnen mit feinem Pinsel ist es von Vorteil, wenn die Farben auf der Palette vorgemischt sind. Sie ergänzen nur fehlende Striche und vermeiden eine zu detaillierte Darstellung.

Auch hier gilt der Grundsatz: Weniger bringt mehr.

*3*

*Wald bei Zuoz*

# Die Farbskizze

1

## Vorskizze – Naß-in-Naß-Technik

Beim Aquarell spielt die Farbskizze für das Gelingen des Bildes eine bedeutende Rolle. Sie ist nicht nur eine Hilfe, die gewünschte Farbe besser zu finden, sondern die entstehenden Zufallstöne zeigen auch neue Möglichkeiten auf. Das Experimentieren und Spielen mit dem Zufall ist eine wesentliche Eigenart des Aquarells. Erstellen Sie nur kleinformatige Farbskizzen (4 – 15 cm Breite); dadurch können Sie in kürzester Zeit mehrere Variationen ausprobieren. Außerdem gelingt das Ineinanderlaufen der Farben gewöhnlich besser als bei einer großen Fläche.

*1* Sie untermalen die Fläche mit großem, rundem Aquarellpinsel in Kadmiumgelb dunkel. In die noch feuchte Farbe malen Sie mit großzügigen, waagrechten Linien Ockergelb, Orange und helles Grün. Nach dem Antrocknen fügen Sie noch diejenigen Linien bei, die nicht verlaufen sollen.

*2* Auch bei einer Farbskizze dürfen Akzente oder Farbkonzentrationen nicht fehlen. Gewöhnlich genügt ein dunkler Akzent, bei mehreren sollte einer dominant bleiben. Mit hellem Kobaltblau übermalen Sie die Farben von Bild 1 ebenfalls in großen horizontalen Bewegungen. Bald werden Sie feststellen, daß Grünflächen sich von selbst ergeben. In die noch feuchte Farbe setzen Sie abschließend den dunkelsten Akzent (oben rechts).

Nach dem Antrocknen werden mit dunkler Farbe (Braunschwarz) und feinem Haarpinsel das Gelände oder die Büsche angedeutet.

Wollen Sie dem Bild noch bestimmtere Formen geben, fertigen Sie in gleicher Größe wie die Farbskizze eine Bleistiftskizze an. Darauf zeichnen Sie nicht nur die gewünschten Linien und Gegenstände, sondern deuten auch mit Schraffuren die mittleren und dunkelsten Stellen an (Schattenpartien).

2

# *Eigenständige Arbeit - Strichtechnik, verlaufend*

Dieses Bild entstand ohne Skizze direkt nach der Natur. Der ganze Vorgang zur Erstellung einer Farbskizze wird nun viel gezielter auf dem eigentlichen Bild vorgenommen. Die mehrheitlich warmen Grüntöne, welche das Bild dominieren sollen, entstehen durch gründliches Untermalen mit Dunkelgelb, Orange, Ockergelb und Hellgrün. Je nach Temperatur lohnt es sich, das Blatt vor der Arbeit mit dem Schwamm anzufeuchten.

Nach dem Trocknen der Untertöne übermalen Sie mit Kobaltviolett und verdünntem Kobaltblau die entsprechenden Stellen. Zuletzt ergänzen Sie mit Grün, teils aus eigener Mischung, teils mit Kobalt- oder Echtgrün. Die dunklen Akzente tragen Sie zuletzt auf. Ein dunkles Grün entsteht durch Mischen von Gelb, Ultramarinblau und Schwarz. Anstelle von Schwarz kann aber auch Indigo verwendet werden. Für die feine Zeichnung von Gras, Büschen etc. nehmen Sie zuletzt den dünnen Aquarellpinsel.

Das Zusammenspiel von lockerem, fließendem Untergrund und gezeichneten dunklen Übermalungen ergibt die Transparenz, die für ein frisches Aquarell notwendig ist.

*Auf dem Gurten bei Bern*

# *Pinselführung*

### *Übung 1:*
### *Quergestellte Pinselführung*

Mit einer dunklen Farbe wird im Aquarellkastendeckel reichlich Farbe vorgemischt, jedoch nicht zu dünn. Sie können dies mit jeder dunklen Farbe versuchen, ich schlage Indigo vor. Nun ziehen Sie schräge, bogenförmige, senkrechte und waagrechte Striche in richtiger Pinselhaltung. Dabei sollte mit einem Strich eine breite Linie entstehen. Bei richtiger Haltung wird die Farbe an der Pinselspitze dunkler, im verdickten Bereich des Pinsels aber verlaufend aufgehellt. Diese Bewegung sollte oft geübt werden.
Manchmal ist es von Vorteil, nach dem Fassen der Farbe den Pinsel auf einem Lappen leicht abzutupfen. Schwamm und Lappen sollten grundsätzlich griffbereit sein. Achten Sie ebenfalls darauf, daß beim Malen genügend sauberes Wasser vorhanden ist.

Je nach Absicht und Motiv ist die Pinselführung von größter Wichtigkeit. Durch verschiedene Haltungen entstehen neue Wirkungen. Ein Aquarell wird erst lebendig, wenn der Strich nicht eintönig wirkt, d. h. wenn innerhalb des Strichs verschiedene Helligkeitswerte entstehen. Ein großer Aquarellpinsel (rund mit guter Spitze) ist dabei entscheidend. Gewöhnlich wird der Pinsel in Richtung des Strichs nachgezogen und möglichst aufgestellt. Wollen Sie aber einen guten, breiten Strich bekommen, so halten Sie den Pinsel flach und quer zur Strichrichtung.

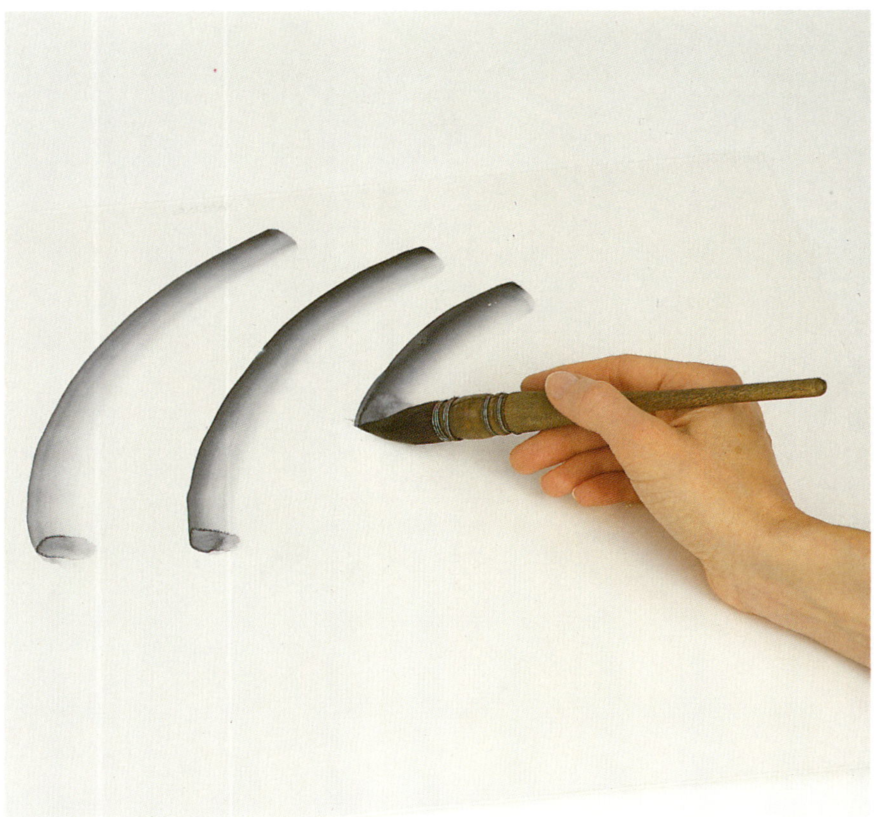

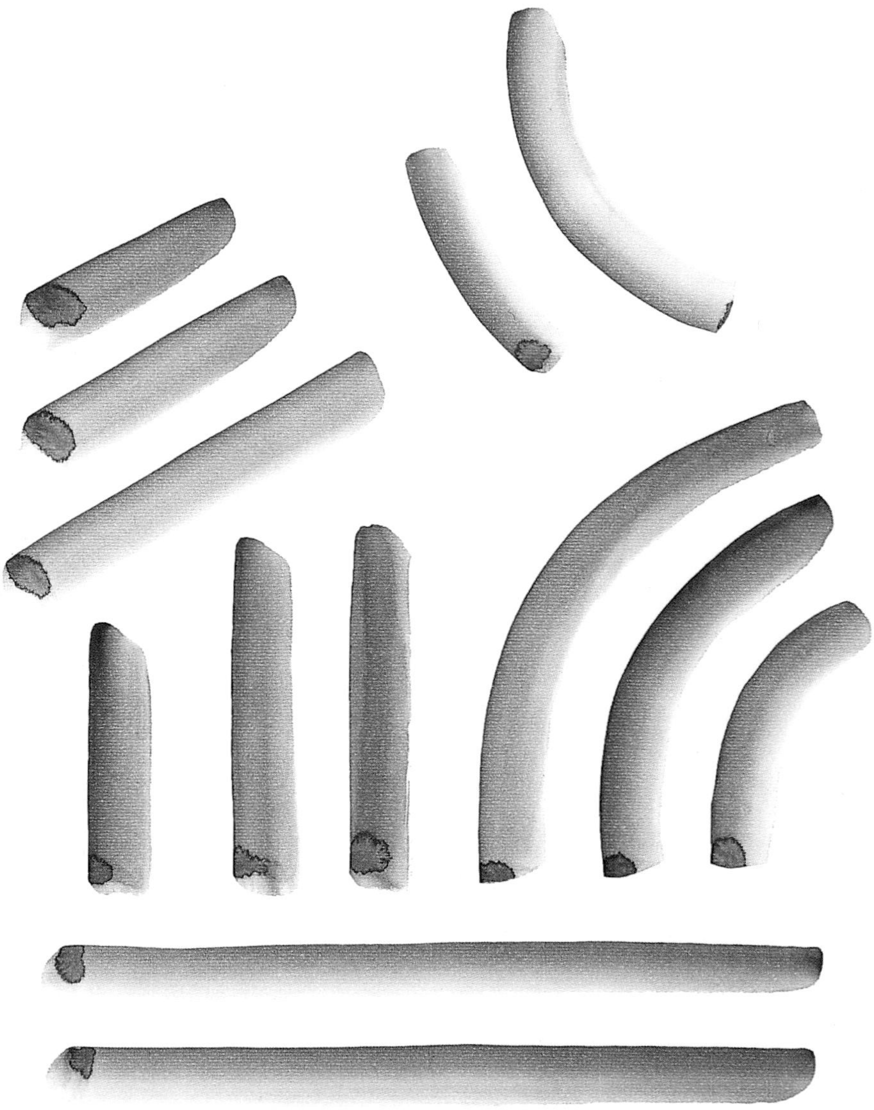

## Übung 2: Tiefenwirkung der Farbe

Mit dem breiten, quergestellten Pinsel malen Sie drei Hügelzüge. Dazu werden drei verschieden helle Farbwerte der gleichen Farbe vorgemischt. Sie beginnen mit der schwächsten Farbe im Hintergrund. Versuchen Sie, die Silhouette in einer Linie, d. h. ohne Absetzen, zu ziehen und achten Sie darauf, daß die Pinselhaltung stets quer zur Linienrichtung steht. Dabei sollte sich der erwünschte Farbverlauf im Strich selbst ergeben. Die mittleren Hügelzüge malen Sie mit etwas dunklerer Farbe, den Vordergrund mit dem dunkelsten Ton. Die optische Tiefenwirkung, die dabei entsteht, erreichen Sie dank den Abstufungen innerhalb der gleichen Farbe (Helligkeitswerte).

Die Tiefenwirkung eines Bildes wird z. B. mittels einer perspektivischen Darstellung erreicht. Sie kann aber auch durch Aufhellung oder Verdunklung der Farbe, d. h. durch Malen mit mehr oder weniger Wasser entstehen. Intensivere Farbtöne scheinen näherzuliegen, schwächere dagegen in weiterer Ferne.

# *Stämme*

1

## *Pinselführung nachgezogen und quergestellt*

Baumstämme können auf zwei verschiedene Arten in einem Strich gemalt werden.

*Übung 1:*

*1* Durch das Nachziehen des Pinsels in senkrechter Richtung.

*2* Durch mehr oder weniger Druck auf den Pinsel entstehen breitere oder dünnere Linien. Auch die Helligkeit kann mit mehr oder weniger Wasser verändert werden.

*3* Das Nachziehen des Pinsels auf einem vorgefeuchteten Papier. Die Farben sind nicht mehr begrenzt, sondern laufen leicht ineinander.

2

3

## *Übung 2:*

*1* Durch Querstellung des Pinsels besitzt der Strich einen ganz anderen Effekt. Mit einem Strich können Sie den Stämmen nun eine Licht- und Schattenseite geben.

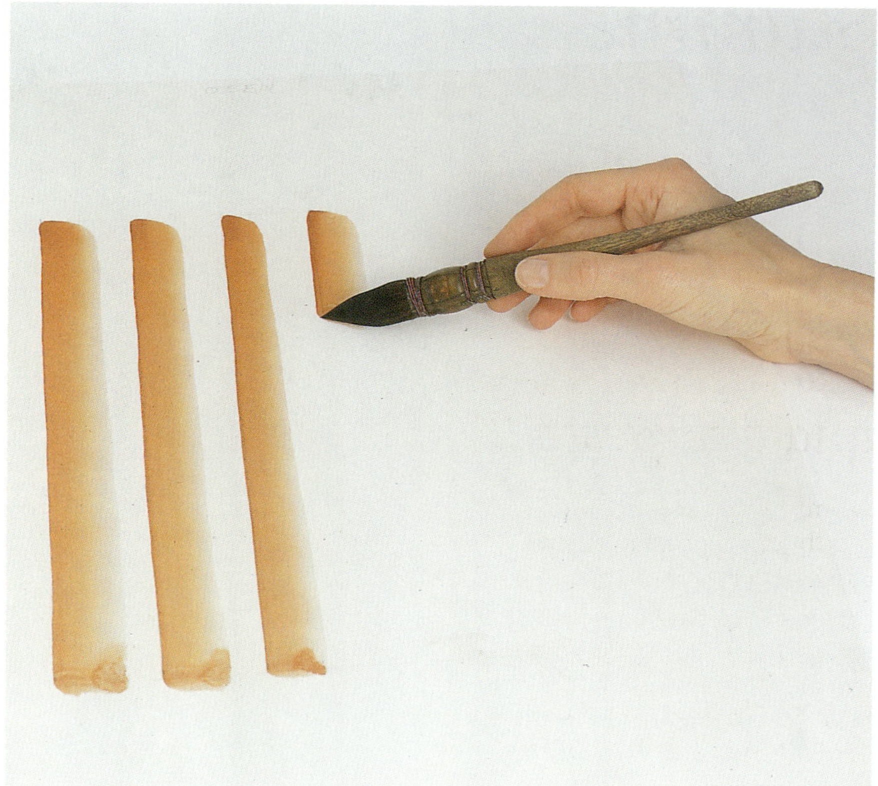

*1*

*2* Dünne Striche entstehen durch weniger Druck, dickere durch mehr Druck auf dem Pinsel.

*2*

*3* Mit verschiedenen Farben und Helligkeitswerten werden Stämme in einem Strich gemalt. Dabei achten Sie darauf, daß für jede neue Farbe der Grund trocken ist. Ist die Farbe nicht vollständig angetrocknet, entstehen Verläufe (links und rechts in unserem Bild). Es ist von Vorteil, wenn die helleren Farben (Gelb, Ocker, Rot, Violett) teilweise untermalt werden. Helle Farben können meistens mit dunklen Tönen zugedeckt werden, umgekehrt jedoch nicht.

*3*

# *Olivenhain – Separate Kohlezeichnung und Vorzeichnen mit Bleistift*

Wollen Sie beim Aquarellieren mehr Freiheit entwickeln, so lohnt es sich, das Motiv vorher auf einem separaten Blatt gründlich zu zeichnen. Dies hat den Vorteil, daß Sie das zu malende Bild mit all seinen Bewegungen und Einzelheiten besser kennenlernen; zeichnen Sie diese daher ruhig ein. Weil Sie über Details des Motivs nun bestens Bescheid wissen, fällt Ihnen beim Aquarellieren das Vereinfachen und Weglassen viel leichter.

Ein weiterer Vorteil der gründlichen Zeichnung ist das Studieren der hellen und dunklen Stellen. Gerade das Hell-Dunkel trägt wesentlich zur Wirkung der einzelnen Farben und der ganzen Komposition bei.

*1*

*1* Mit Holzkohle werden Rhythmus und Komposition der Olivenstämme angelegt. Sie achten nicht nur auf die verschiedenen Bewegungen der Stämme (gerade – geschwungen), sondern auch auf deren Zwischenräume und Stärken. Anschließend beim Auszeichnen mit einfacher Schraffur die diversen Schattierungen eintragen und dunkle Akzente verstärken. Kohlezeichnungen müssen am Schluß mit Fixativ fixiert werden!

*2*

*2* Auf dem Aquarellpapier zeichnen Sie mit Bleistift und mit sparsamen Linien das Motiv vor. Bleistift kann gut übermalt werden, was bei Holzkohle schwieriger ist. Mit schräger Schraffurbewegung untermalen Sie jetzt mit warmen Farben (Gelb, Ocker, Orange, Braun) und lassen teilweise die Farben ineinanderfließen. In diesem Bild dominieren die warmen Farben. Es wäre falsch, die Stämme auszusparen. Gerade das großzügige Übermalen trägt einen großen Teil zur Bildeinheit bei.

*3* Anhand der Kohleskizze werden nun die Stämme einzeln behandelt, jedoch möglichst in einem Strich gemalt. Vor dem Setzen der dunkelsten Akzente tragen Sie noch die Blautöne im Hintergrund ein (Coelinblau). Die dunkelsten Stämme können mit mehreren Farbschichten bearbeitet werden, wobei im Sinne der Bildeinheit die Farben des Hintergrunds auch in den Stämmen vorkommen müssen (Braun, Violett, Blau, Grün, Grauschwarz). Die Gräser und dünnen Äste malen Sie zuletzt, ebenfalls die ergänzenden Konturen (mit dünnem Haarpinsel).

*Olivenhain in Italien*

*3*

# Bäume

## Alleebäume – Separate Kohle- und Farbskizze, Vorzeichnung mit Bleistift

*1* Ein gutes Bild besteht nicht nur aus Farbe, sondern drei Grundelemente sollten darin enthalten sein:
1. die Zeichnung (Komposition, Proportionen, Perspektive etc.),
2. Hell-Dunkel (Licht, Schatten, Schwerpunkte, weitere Akzente),
3. Farbe (Dominieren eines Farbklangs, Technik).

Eine gründliche Bleistift- oder Kohlezeichnung klärt Komposition, Licht und Schatten – also Punkt 1 und 2. Anhand einer kleinen Farbskizze lösen wir das Farbproblem.

*1*

*2*

*2* Ohne genaue Vorzeichnung, jedoch in Hinblick auf einen warmen Grünklang, versuchen Sie, die gewünschte Stimmung rasch anzulegen. Wie wichtig solche Skizzen sind, stellt sich dann heraus, wenn man zu Hause malen möchte oder wenn die äußeren Umstände (Regen, Zeitnot) das Malen vor Ort verhindern. Ich fertige meistens solche Skizzen an, sie sind auf keinen Fall ein Zeitverlust, wenn sie kleines Format besitzen.

*3* Anhand der beiden Skizzen zeichnen Sie in einfachen Linien das Motiv auf den Aquarellblock (Bleistiftmine 2B). Will man einen Grünklang erzielen, lohnt es sich, gründlich mit gelben Farbtönen zu untermalen. Denn so können Sie auch durch Übermalen mit Blau Grünwerte erzielen. Daneben ist sehr freies Arbeiten möglich, denn sollte eine Stelle Gelb werden, die nicht beabsichtigt ist, kann man sie leicht mit einem Schwamm entfernen, oder man übermalt diese Farbe später. Eine gute Gelbuntermalung gibt dem Bild Licht. Gelb ist für sämtliche Farben von Vorteil, außer bei Violett; letzteres wird mit Gelb schmutzig.

Die Grundierung muß immer großflächiger sein als die Übermalung. In unserem Beispiel lassen wir die verschiedenen Gelbtöne ineinanderlaufen. Trotzdem sollte man auf keinen Fall die weißen Stellen auf dem Papier vernachlässigen.

*4* Mit hellem Blau deuten Sie Himmel und Schattenstellen durch zügige Horizontal- oder Schrägstriche an. Grüne Stellen erreichen wir durch Übermalen mit hellem Kobaltblau. Lassen Sie auch hierbei die Farben ineinanderlaufen. An der Kohleskizze orientieren Sie sich, wo die dunkleren Flächen zu setzen sind. Zum

Fertigstellen werden nötigenfalls einige warme Farben nochmals übermalt (Braun der Stämme, Baumkronen, Weg). Sind alle Farben gut angetrocknet, tragen Sie das Kobaltviolett ein.

Zuletzt folgen die dunkelsten Akzente, wobei nur ein Hauptakzent entstehen sollte (in unserem Beispiel die Alleebäume in der Mitte des Bildes). Dunkle Grün erhalten Sie durch Mischung von Echtgrün, Olive und Schwarz. Abschließend wird die Zeichnung mit feinem Haarpinsel ergänzt. Dies kann abwechselnd mit Grün, Braun, Violett oder Blau geschehen.

*Allee in der Elfenau bei Bern*

*3*

*4*

# Fichten in Gebirgslandschaft – Zeichnen mit dem Pinsel

Ab und zu wird ein Aquarell auch mit feinem Haarpinsel vorgezeichnet (siehe S. 72/73), jedoch kommt dieses Verfahren am häufigsten zum Eintragen von Einzelheiten am Schluß zum Zuge. Dennoch sollte auch das Zeichnen mit dem Pinsel geübt werden.

*1* Wird mit dem feinen Haarpinsel (Schlepper) gearbeitet, ziehen Sie die Farbe immer in Richtung des Strichs, d. h. auch der Pinselstiel nimmt dieselbe Richtung ein. Nur so entsteht eine dünne Linie, die nötigenfalls noch korrigiert werden kann. Vor dem Arbeiten wird im Kastendeckel die Farbe mit dem breiten Pinsel vorgemischt. Nie den dünnen, delikaten Pinsel dazu verwenden!

*2* Ein Baum besitzt gewöhnlich die Grundform des dazugehörigen Blattes. Sie zeichnen zuerst mit einer dünnen Pinsellinie die Richtung des Stammes und den Umriß. Beim Blatt wird ebenfalls zuerst die Mittelrippe gezeichnet, erst dann der Umriß. Die seitlichen Blattrippen werden erst nachträglich eingetragen.

*3* Möglichst nur mit einer Linie zeichnen Sie die Hauptäste ein, den Stamm ergänzen Sie durch die rechte und linke Linie. Selten besitzt ein Baum nur runde Formen. Ständig ist ein Wechselspiel von gerade und rund zu erkennen.

*4* Das Laub wird nicht durch Einzelblätter, sondern durch die wichtigsten Gesamtformen angedeutet.

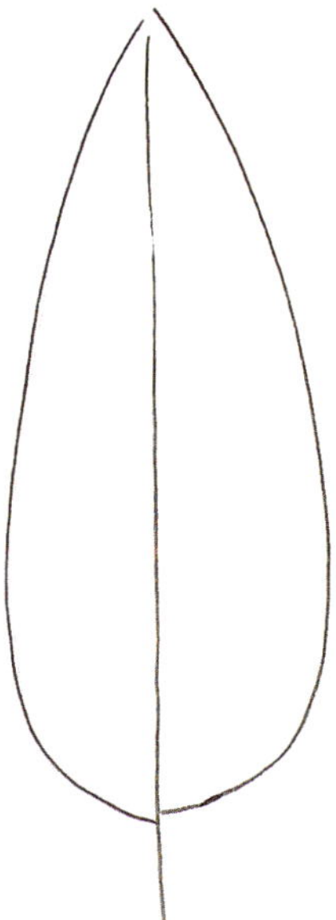

5

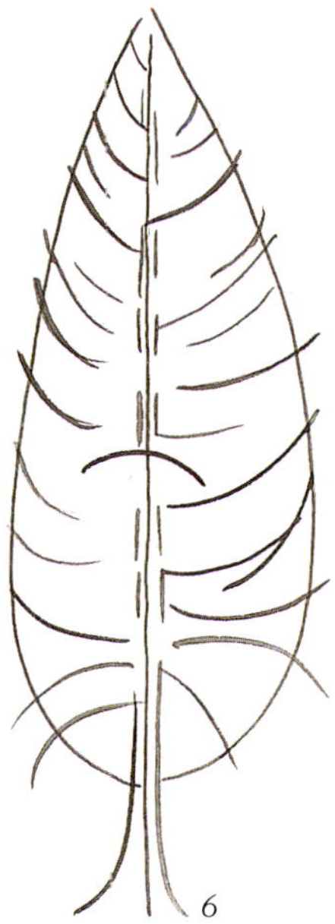

6

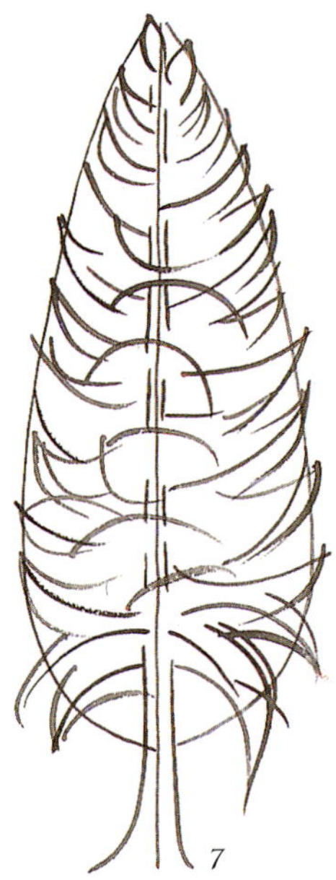

7

*8* Malen Sie mehrere Fichten. Diese können mit einem oder zwei Pinselstrichen sofort erkenntlich gemacht werden, wenn Sie die Grundform beachten. Das vorliegende Aquarell entstand ohne Vorzeichnung.

Durch eine sehr flüssige Malweise entstand zuerst der Unterton (Wiese und Himmel). Die Fichten malte ich erst anschließend mit einfachen Pinselstrichen. Bei einigen Bäumen wurde mit dünnem Haarpinsel die Umrißlinie ergänzt (oben rechts und großer Baum auf der linken Bildseite).

*5* Bei Nadelbäumen gehen wir in gleicher Weise vor. Stamm und Umriß bestimmen den Gesamteindruck.

*6* Sie dürfen sich auf keinen Fall von Anfang an in Einzelheiten verlieren! Die Äste mit ihren wichtigsten Bewegungen werden in einem Strich angedeutet.

*7* Erst am Schluß kommen Einzelheiten zum Zuge, aber immer nur in einem Maß, das den Gesamteindruck nicht beeinträchtigt.

*Waldgrenze*

8

# Berge

## Starkes Vorzeichnen mit Bleistift – Strichtechnik

Diese Technik eignet sich vorzüglich für kleine Formate. Sie wird besonders dann angewandt, wenn die Zeit zum Malen sehr beschränkt ist und man die Farbe nicht lange trocknen lassen kann, z. B. auf Wanderungen. Ich verwende die Technik hauptsächlich für Skizzen (Skizzenbuch).

1

*1* Das Vorzeichnen erfolgt mit weichem Bleistift (1B – 2B). Schnellskizzen werden notgedrungen in einfachen, zusammenhängenden Linien erstellt. Da es sich hier um eher rundliche Berge handelt, dominieren die runden Formen. Soll eine großzügige Komposition entstehen, ziehen Sie die Linien durch das ganze Blatt bis an den Bildrand. Ebenso verzichten Sie auf zu viel blauen Himmel; widmen Sie sich voll und ganz größeren Zusammenhängen und Formen.

2

*2* Damit die Bleistiftlinien möglichst sichtbar bleiben, wird in zarten Aquarelltönen gemalt. Zuerst untermalen Sie mit warmen und hellen Farben, die in großen Bewegungen aufgetragen werden, meistens zum Unterstützen der Zeichnung. Der Pinsel wird mehrfach quergestellt (siehe S. 37), damit in einem Strich Verläufe entstehen. Am besten setzt man die Pinselspitze an der Bergspitze an, da die größte Farbabgabe in der oberen Hälfte des Pinsels erfolgt.

*3* Es ist wichtig, daß man auch Freiflächen des Papiers in die Gestaltung mit einbezieht – nicht nur an Stellen, wo z. B. Schnee liegt! Auch sollte man bei dieser Malweise mit möglichst wenig Farben auskommen. In unserem Beispiel wurden sämtliche Grün selbst gemischt (mit Kobaltblau und Citrongelb, teilweise auch mit Gelb untermalt). Die übrigen verwendeten Farben sind Ockergelb, Caput Mortuum und Indigo.

*3*

# *Schwaches Vorzeichnen, Strich- und Tupftechnik*

Vorgezeichnet wird mit einem gut gespitzten Bleistift, nötigenfalls schleifen Sie die Spitze auf einem Schleifpapier. Entweder zeichnen Sie ohne Druck mit einer härteren Bleistiftmine (H-Reihe). Durch das schwache Vorzeichnen ist die Zeichnung am Schluß ganz verschwunden.

Eine interessante Komposition entsteht, wenn möglichst ungleiche Proportionen im Bild enthalten sind, d. h. daß die Flächen für Himmel und Berg beispielsweise verschieden groß sind. Setzen wir den Berg in die Mitte des Blattes, so werden die rechte und linke Seite wieder gleich groß. Bewußt wird darum der Berg nach rechts gerückt, damit der Himmel rechts und links ungleiche Flächen in Größe und Form aufweist.

Auch die Diagonale des linken Berges darf das Blatt nicht in zwei gleiche Hälften teilen. In unserem Beispiel ist die rechte Hälfte größer. Die Horizontallinie am rechten Bildrand befindet sich ebenfalls unter der Bildmitte, so daß auch hier wieder Spannung entsteht.

*1* Mit einfachen, aber dünnen Strichen zeichnen Sie die Hauptlinien des Berges ein. Um später helle und dunkle Stellen sicher anlegen zu können, ist es vorteilhaft, wenn Sie vorher eine kleine Bleistiftskizze erstellt haben, die auch einschattiert ist. Auf dem Aquarellblatt indessen wird nie mit Bleistift schattiert! (Ausnahme siehe S. 92/93). Wenn Sie die Eigenart der zackigen Felsen zum Ausdruck bringen möchten, so arbeiten Sie hauptsächlich mit Formen

*1*

aus geraden Linien – im Gegensatz zum vorhergehenden Bild. Wurde zu stark vorgezeichnet, lockern Sie mit dem Radiergummi die Zeichnung wieder auf.

*2* Mit Strichtechnik tragen Sie verschiedene Gelbtöne auf und lassen die Farben ineinanderfließen.

*3* Über die angetrocknete Farbe legen Sie Braun, vorzugsweise gebrannte Siena und Caput Mortuum. Die dunkelsten Stellen im Berg mischt man mit Braun und Schwarz. Selbstverständlich achten Sie darauf, daß die hellen Stellen nicht ganz verlorengehen. Auch hier arbeiten Sie mehrheitlich in der Strichtechnik. Bevor die dunklen Blau eingesetzt werden, wird mit Coelinblau untermalt.

2

3

*4*

*Am Sanetschpaß, Berner Oberland*

*4* Es wäre nun völlig falsch, wenn Sie das Blau nur für den Himmel verwenden würden. Für einen harmonischen Gesamteindruck ist es unerläßlich, daß die ausgewählten Farben im ganzen Bild erscheinen. Hauptsächlich in Tupftechnik überarbeiten Sie vor allem die dunkelsten Stellen mit Ultramarinblau und vermischen nach Notwendigkeit mit Schwarz. Für violette Stellen wird zusätzlich Karminrot mit Ultramarinblau vermischt. Die Grüntöne versuchen wir ebenfalls selbst zu mischen. Selbst Schwarz kann aus den drei Grundfarben Citrongelb, Karminrot und Ultramarinblau gemischt werden.

1

2

3

# *Blätter*

## *Pinselskizzen von Blättern und Mischtechnik*

Für das Zeichnen und Malen von Blättern gelten ähnliche Grundregeln wie für Bäume (siehe S. 29, 42). Unter Mischtechnik ist die Verwendung unterschiedlicher Techniken oder Farbarten in einem Bild zu verstehen. In diesem Beispiel wurde mit Deckweiß (Temperafarbe) und Aquarellfarben gemalt.

*1* Die Mittelrippe des Blatts samt Stiel entsteht wie bei den Bäumen zuerst, anschließend die linke und rechte Hauptrippe. Größe, Richtung und Bewegung bestimmen dann den Umriß.

*2* Nun können die kleineren Rippen eingezeichnet werden; auch deren Dicken werden beachtet. Die Pinselstellung ist bei feinen Linien eher senkrecht, wobei der Pinsel nachgezogen wird (siehe S. 42/43).

*3* Am Schluß zeichnen Sie die gezackten Blattränder ein und verstärken wenn nötig einzelne Linien. Das charakteristische einer Pinselzeichnung ist das Spiel von dünnen und dicken Linien.

*4* Auch das Malen auf freiem Untergrund dient der Lockerung und dem Abbau von Ängsten. Das einzige, was wir uns beim Anlegen des Untergrunds vornehmen, ist ein Braunklang, d. h. die warmen Brauntöne sollen dominieren. In bewegten Strichen lassen Sie helle, warme Farben leicht ineinanderlaufen. Ich arbeite gern mit einem sehr großen Aquarellpinsel zu Beginn. Dies hat den Vorteil, daß das Blatt mit dem Auftragen der ersten Farbe (Kadmiumgelb

4

dunkel) sofort angefeuchtet wird und teilweise Verläufe mit den übrigen Farben entstehen. Achten Sie auch auf ein Wechselspiel von hellen und dunklen Farben, wobei entscheidend bleibt, daß die Brauntöne überwiegen.

*5* In den getrockneten Untergrund zeichnen Sie mit Bleistift größere und kleinere Blätter. Legen Sie dabei Wert auf eine interessante Verteilung, d. h. daß nicht alle Blätter gleiche Abstände zueinander besitzen und sich teilweise auch überschneiden. Damit sich nun einige Blätter besser abheben, malen Sie um diese herum einige dunkle Stellen (Beispiel oben rechts, unten Mitte). Manche Blätter hellen Sie mit Deckweiß und Aquarellfarbe (oben und unten links, Mitte) auf. Zuletzt werden einige Konturen, Blattrippen und Stiele – mit Deckweiß und Aquarellfarbe gemischt – erhöht, andere hingegen zeichnen Sie mit dunklem Aquarellton (Ultramarinblau, Gebrannte Siena und Schwarz) ein. Für feine Rippen ist ein dünner Haarpinsel unerläßlich. Erstaunlich ist bei dieser Übung, daß z. T. zufällig entstehende Farben sich gut in den einzelnen Blattformen einfügen, als wären diese gewollt. Ein Beispiel dafür, daß der Zufall im Aquarell eine bedeutende Rolle spielt.

*5*

# *Malen von Blättern und Komposition*

*1*

*2*

*3*

Wird hell und dünnflüssig untermalt, erübrigt sich das Übermalen mit Deckweiß. Jede Stelle kann mit Leichtigkeit mit Aquarellfarben wieder übermalt werden.

*1* Ein Blatt wird mit breitem Pinselstrich untermalt. In einer Farbe (Kadmiumrot gemischt mit Gebrannter Siena) deuten Sie mit einem einzigen, maximal zwei Pinselstrichen die Bewegung des Blattes an.

*2* Mit einer zweiten Farbe (Olivgrün) beleben Sie das Blatt durch Andeuten der hellen und dunklen Seite.

*3* Mit dem Schlepper zeichnen Sie den Umriß, die Stacheln und die Mittelrippe ein (Farbe: Sepia).

*4* Bei diesem Aquarell handelt es sich um eine symmetrische Komposition, d. h. der Stechpalmenzweig befindet sich in der Mitte des Blattes. Sie zeichnen zuerst und malen den Grund anschließend darüber. Beim Aufzeichnen werden Zweige und Blätter mit einfachen Linien dargestellt (siehe S. 48/49). Das Auszeichnen der Stacheln erfolgt am Schluß mit dem dünnen Pinsel, muß also mit Bleistift nicht angedeutet werden. Um die Symmetrie der Anordnung etwas zu durchbrechen und das Bild damit interessanter zu gestalten, untermalen Sie den Grund ungleichmäßig mit hellen, warmen Tönen. Dabei lassen Sie auf der linken Bildseite mehr weiße Stellen offen als rechts. Mit feinen Strichen können Sie den Grund zusätzlich beleben.

*5* Nach Ergänzung des grünblauen Tones im Grund bringen Sie die Blätter und Zweige als Unterton in verschiedenen Farben auf.

*6* Zum Schluß wird die Zeichnung durch die Umrißlinien ergänzt, allenfalls verstärken Sie noch einige dunkle Blätter. Die roten Beeren werden ebenfalls zuletzt gemalt.

*4*

*5*

6

# Blumen

## Komposition nach separater Bleistift-zeichnung und Farbskizze

Bei einem Blumenbild wird die Anordnung interessanter, wenn die Blumen und Blätter dominieren und nicht der Tisch, die Vase oder die Umgebung. Aus diesem Grunde malen Sie die Blüten groß. Sie dürfen auch teilweise den Bildrand überschneiden. Dieser Vorgang öffnet die Arbeit optisch und gibt dem Bild Weite. Nicht jedes Bild braucht indessen Tiefenwirkung (dreidimensional), eine flächige Komposition (zweidimensional) kann ebenso schön wirken. Will man das erreichen, so verzichten wir auf die Bildtiefe (Perspektive) und lassen auf der ganzen Bildfläche die Farben gleich stark wirken. Wir achten besonders auf das Darstellen von verschieden großen Blättern und Blumen; auch ziehen Sie den Hauptblumenstengel nicht mitten durchs Blatt. So erzielen Sie verschieden große Zwischenräume (siehe S. 45/46) und eine lebendige Komposition.

*1* Eine schnelle Bleistiftskizze auf kleinstem Format (5 x 7 cm) dient uns als Ausgangslage. Wollen Sie eine weiße Blüte darstellen, muß die Umgebung dunkler werden; dort schraffieren Sie entsprechend.

*2* Erstellen Sie eine oder mehrere Farbskizzen ebenfalls im kleinen Format. Sie dienen zum schnellen Erfassen der Farben (Impression) und können bei mehreren Versuchen nach der passenden Stimmung ausgewählt werden. Arbeiten Sie schnell, damit die Farben automatisch verlaufen.

*1*

*2*

*3* Anhand der gewählten Komposition von Bleistift- und Farbskizze zeichnen Sie Stengel, Blumen und Blätter in großen Umrissen auf das Papier. Auf das angefeuchtete Blatt malen Sie den Grund mit hellen Gelb- und Rosatönen. Die Blüten werden ausgespart. In der Strichtechnik legen Sie Blau- und Grüntöne an, wobei beim hellen Blatt möglichst um das Blatt herum gemalt wird; beim dunklen innerhalb des Blattes. Als Farben werden der Reihe nach Citrongelb, Kadmiumgelb, Karminrot, Kobaltblau und Grün verwendet. Letzteres wird gemischt. Zum Schluß ergänzen Sie die Zeichnung mit dem kleinen Haarpinsel. Grautöne entstehen auch, wenn die drei Grundfarben zu gleichen Teilen verdünnt gemischt werden.

*3*

*Callablüten*

# *Skizzieren einer Blume und Vorzeichnen mit Farbstiften*

Wenn Sie ein Aquarell eher exakt ausgeführt haben möchten, ist das Vorzeichnen mit Farbstift eine dafür sehr geeignete Technik. Von Vorteil sind wasserfeste Farbstifte, damit sich die Linien beim Übermalen nicht gleich auflösen.
Ein Blumenbild bekommt eine räumliche Wirkung (Dreidimensionalität), wenn die Blumen im Vordergrund größer gemalt werden als diejenigen im Hintergrund. Ein Bild gewinnt auch an Räumlichkeit durch die schwächer werdenden Farbtöne im Hintergrund. Ein Modellieren der einzelnen Blüten trägt ebenfalls zur räumlichen Darstellung bei.

*1* Je nach Stellung der Blüte zeichnen Sie deren Umriß. Je mehr von oben gesehen, umso kreisförmiger wird die Ellipse; je mehr seitlich, umso schmäler und flacher wird die Form.

*2* Tragen Sie Staubgefäße mit einer Umrißlinie ein und deuten Sie die einzelnen Blütenblätter und den Stengel an.

*3* Am Schluß werden Einzelheiten eingezeichnet.

*4* Die Zeichnung wird mit den Farbstiften erstellt, die der Farbe des zu zeichnenden Gegenstandes möglichst nahekommen. In unserem Beispiel zeichnen wir die Blüten mit Orange, die Stengel mit Grün und die Mitte der Blumen sowie einzelne Stiele und Blätter mit dunklem Braun.

*4*

# Schichtweiser Bildaufbau

6

5 Dank dem wasserfesten Farbstift können Sie das erste Gelb (Kadmiumcitron) flüssig übermalen. In diesem Beispiel kann Gelb großzügig angelegt werden, denn überall wo Braun, Orange oder Grün vorgesehen ist, kann Gelb untermalt werden. Auch hier ist es hilfreich, vorher Zeichnungs- und Farbskizzen zu erstellen. So kann beim großen Format die Farbgebung viel gezielter vor sich gehen.

6 Nun entstehen die Orange-, Rot- und Brauntöne – ausschließlich mit großem Pinsel –, wobei auch hier nicht ängstlich vorgegangen werden sollte. Helle Aussparungen sind von großer Wichtigkeit.

Um differenzierte Rot- und Orangetöne zu erhalten, bedienen wir uns der Schichtmalerei. Entweder wird dieselbe Farbe oder ein leicht abgemischter Ton schichtweise über den getrockneten Untergrund gemalt. Durch mehrmaliges Übermalen entstehen neue Farben, die mit den vorangehenden Tönen gut harmonieren.

5

*7* Damit schließlich die Blüten hell leuchten, wird mit dunklem Grün oder Braun unmittelbar um die Blume herum gemalt. Dabei rasch vorgehen und die Farben teilweise wieder ineinanderlaufen lassen.

Dunkel akzentuiert werden ebenfalls die Staubgefäße, Stiele und Knospen; auch hier wird jedoch variiert. Der dunkle Akzent liegt in diesem Beispiel mehr unten links, was wieder dazu beiträgt, die Spannung zu erhöhen. Mit dem feinen Haarpinsel werden nun zuletzt noch die dünnen Blätter angedeutet und ebenfalls in Helligkeit und Farbe variiert.

*7*

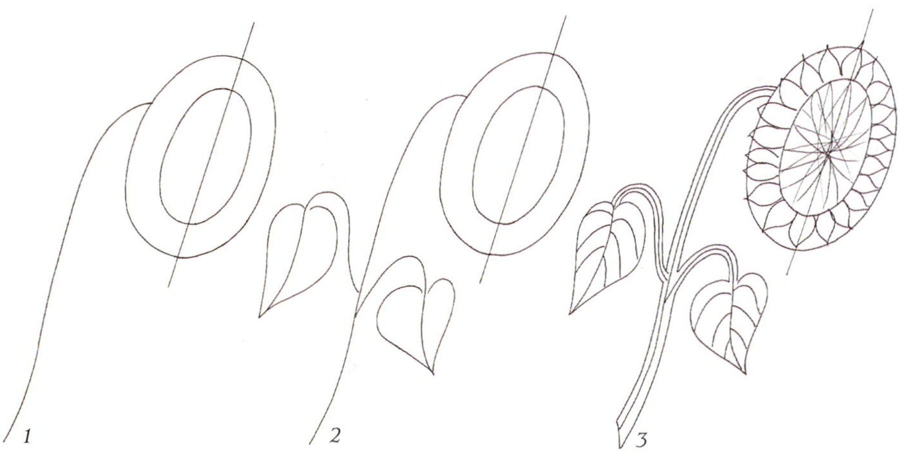


# *Sonnenblumen - Skizzieren und Übung eines Verlaufs*

Wegen ihrer Einfachheit und ihrer Leuchtkraft sind Sonnenblumen bei Malern ein sehr beliebtes Motiv. Es ist nun unsere Aufgabe, gerade diese Leuchtkraft aufs Papier zu bringen. Oft wird sie durch übermäßiges Ausmalen von Einzelheiten zerstört. Ebenso wichtig beim Malen dieser Blume ist der Hell-Dunkel-Kontrast.

*1* Vor dem Zeichnen beachten Sie die Größenverhältnisse und Lagen der einzelnen Blüten. Bei näherem Betrachten stellen Sie fest, daß nicht alle Blüten gleich ausgerichtet sind. Einige sind gerade, andere nach links oder rechts geneigt. Als erstes geben Sie mittels eines Strichs die Richtung der Blüte an. Anschließend zeichnen Sie - je nach Lage - zwei volle Kreise bis hin zu zwei schmalen Ellipsen. Den Stengel deuten Sie nur mit einer Mittellinie an.

*2* Jetzt werden die Blätter ergänzt.

*3* Die Blütenblätter werden erst im letzten Schritt eingetragen, ebenso die Stengeldicke und die Blattrippen (siehe S. 43/44).

*4* Als Farbübung klären Sie ab, welche Farben sich für die einzelnen Blumen eignen. Je nach Lichteinfall leuchten die Blütenblätter in verschiedenen Gelbtönen (dasselbe gilt für die Blätter mit den Grüntönen). Nach dem Vorzeichnen mehrerer Blüten mit Bleistift wird durch zügiges Naß-in-Naß-Malen nicht jedes Blütenblatt angedeutet, sondern der ganze Kreis in ein oder zwei Zügen gemalt. Trifft das Gelb der Blütenblätter auf einen hellen Grund, bevorzugen Sie ein dunkles Gelb; wird der Grund eher dunkel, entscheiden wir uns für ein helles Gelb. Das Innere der Blüten malen Sie mit diversen Brauntönen (z. B. Braungrün, Braunrot oder Braunviolett, etc.). Erst nach dem Trocknen deuten Sie durch erneutes Übermalen die Spitzen der Blütenblätter an: mit Gelb (obere Blüten) oder dem dunklen Untergrund. Nur so erhalten Sie die volle Leuchtkraft der gelben Blätter.

*4*

# Sonnenblumen - Komposition Naß in Naß

Eine interessante Komposition entsteht dann, wenn die einzelnen Blumen verschiedene Größen und Richtungen aufweisen. Wir ziehen den Hauptstengel auch nicht durch die Mitte des Blattes, damit wiederum verschiedene Größenverhältnisse entstehen.

Sie wählen eine Technik mit selbständigem Untergrund zugunsten einer möglichst freien Darstellung.

Nach den vorangehenden Übungen erstellen Sie je eine kleine Bleistift- und Farbskizze, um die Komposition und die Farben zu bestimmen. Mit Bleistift zeichnen Sie die einzelnen Blumen ein und achten auf unregelmäßige Größenverhältnisse und Abstände.

Stellen Sie im Stengel eine Bewegung fest, verstärken Sie diese. Leichtes Übertreiben von Formen und Farben gibt Zeichnung und Malerei mehr Charakter.

Als gesamten Farbausdruck wählte ich hier einen Gelbklang. In verschiedenen Gelbtönen (Mischung mit Rot oder Orange) malen Sie mit breiten Strichen die Bildfläche, lassen aber auch offene Stellen des Blattes stehen. Teils verlaufend, teils in angetrocknetem Zustand malen Sie die Farben in- und übereinander. Bei den Blautönen wählen Sie ein helles Blau (Kobalt) und verwenden dies sehr verdünnt. Die Grundfarbe wird durch die Blüten hindurch gemalt, d. h. letztere werden nicht ausgespart! Bedingung dafür ist, daß die Farben hell sind. So können Sie einmal mehr feststellen, daß einzelne untermalte Farben sich in den Blüten oder Blättern günstig auswirken.

Nach dem Antrocknen verteilen Sie die Akzente. Meinen Hauptakzent wählte ich im großen Blatt unten rechts. Braun- und Grüntöne wurden in Helligkeit und Farbe variiert.

Fallen einzelne Blütenblätter mit dem Grund zusammen (gleiche Helligkeitswerte) verdunkeln Sie durch Übermalung die betreffende Stelle oder verdunkeln um das Blatt herum. In meinem Falle bediente ich mich der Unterstützung durch eine Konturenzeichnung mit dem feinen Pinsel. Dies ist nicht unbedingt nötig und kann in einzelnen Fällen auch ganz weggelassen werden, wenn genügend Helligkeitskontraste vorhanden sind.

Diese Übung mit gelbem Untergrund zeigt, daß die Leuchtkraft und Gelbwirkung der Blumen durch das Ausweiten der gewünschten Farbe im Malgrund unterstützt werden kann.

*1*

# *Landschaft*

## *Strichtechnik nach separater Bleistiftzeichnung*

Aquarellmalen ohne Vorzeichnung ist der Wunsch und das Ziel der meisten Aquarellmaler. Daß dies nicht sofort gelingt, ist oft ein Mangel an Übung, und es fehlt die Sicherheit im Zeichnen. Ein noch so frisch hingeworfenes Aquarell überzeugt nur dann, wenn auch die Stärke der Zeichnung spürbar ist. So wichtig das Gefühl bei künstlerischem Schaffen ist: Gefühl allein genügt nicht und kann sogar trügerisch sein. Wie auf S. 40/41 besprochen, stützt sich ein gutes Bild auf drei wesentliche Punkte, nämlich die Zeichnung, das Hell-Dunkel und die Farbe.

*1* Besonders bei spontan gemalten Aquarellen empfehle ich, das Motiv gründlich zu studieren, und zwar anhand einer separaten Zeichnung mit Eintragung der Schatten (Hell-Dunkel). Je gründlicher die Vorstudien sind, umso lockerer und sicherer wird das Aquarell! Ich empfehle aber nicht, über eine solche Zeichnung zu malen. Besser ist es, auf einem anderen Blatt zu beginnen.

*2* Die Strichtechnik ersetzt am ehesten die Zeichnung. Beginnen

*2*

Sie mit breiten Strichen und den hellsten Farbtönen. Hilfreich ist es, dann Farbe um Farbe weiterzumalen, d. h. zuerst malen Sie alle Ockertöne, anschließend die roten, grünen und blauen Farben. Der hellsten Farbtöne bedient man sich auch deshalb zuerst, weil bei Unsicherheiten und Fehlern wieder übermalt werden kann.

*3* Sind die hellen Farbtöne einmal vorhanden, wird es leichter gelingen, die dunkleren Farben sicher zu plazieren. Hier wird sich die Vorstudie mit Bleistift besonders bezahlt machen: Die Schwarz-Weiß-Zeichnung ist dann eine große Hilfe. Mehrere nebeneinandergesetzte Striche ergeben auch eine Fläche, was besonders für den Wald anwendbar ist.

*Crans sur Sierre, Wallis*

*3*

# Übung eines Verlaufs in der Fläche

Unter einem Farbverlauf verstehe ich den stufenlosen Übergang einer dunklen in eine helle Farbe oder umgekehrt. Man begegnet oft dem Ausdruck »lavieren«, was in gewissem Sinne dasselbe bedeutet. Auf S. 25ff. haben wir gesehen, wie wichtig ein Verlauf innerhalb eines einzigen Pinselstrichs ist. Durch Querstellung des Pinsels und mehrmaliges Ansetzen erzielen wir einen Verlauf innerhalb einer ganzen Fläche.

2

*1* Bei Landschaften mit viel Himmel und Wasser ist der Farbverlauf ein sehr wichtiger Bestandteil des Bildes. Möglichst flach wird der Pinsel für die horizontalen Bewegungen, die wir nun ausführen wollen, quergestellt (Spitze nach oben). Neben unserem Malkasten liegt auch ein Lappen. Er bildet – neben dem Wassergefäß – ein wichtiges Arbeitsinstrument, da der Pinsel zwar viel Farbe zu fassen hat, aber während der Arbeit auch abgetupft werden muß. Auf der Palette wird genügend dunkle Farbe vorgemischt, um am oberen Bildrand mit dem dunkelsten Farbton beginnen zu können. Das Blatt liegt flach vor uns auf dem Tisch – für die meisten Aquarelle eine unerläßliche Bedingung.
Sie mischen nun für diese Übung Ultramarinblau (hell oder dunkel). Mit vollem Pinsel ziehen Sie nun breite Striche in waagrechten Bewegungen von oben bis zur Bildmitte. Dabei sollte die Farbe nach unten immer heller werden. Gelingt dies nicht, waschen Sie den Pinsel zwischendurch aus und tupfen ihn auf dem Lappen ab. Nun versuchen Sie, die noch feuchte Farbe wieder aufzunehmen, und fahren mit gleichen Bewegungen fort.

*2* Bevor Sie den Meeresspiegel mit noch dunklerer Farbe malen, lassen Sie den Himmel zuerst antrocknen. Anschließend wiederholen Sie den Vorgang. Je nach Wunsch oder Beschaffenheit des Papiers entstehen stufenlose Übergänge von Dunkel zu Hell. In unserem Beispiel wurde die Struktur des Himmels und des Wassers leicht angedeutet.

Die gleiche Übung kann nochmals auf leicht angefeuchtetem Papier durchgeführt werden.

1

# *Verlaufende Striche nach separater Pastellzeichnung*

*3* Eine weit verbreitete Gewohnheit ist das Malen nach Farbfotos. Grundsätzlich ist gegen solche Hilfsmittel wenig einzuwenden, doch die Erfahrung hat gezeigt, daß dieser Vorgang sehr ungünstig ist. Oft wird krampfhaft versucht, dieselbe Stimmung der Farbaufnahme wiederzugeben, man verliert sich in Einzelheiten, und die Phantasie geht verloren. Wenn schon nach Fotos gemalt werden soll, dann empfehle ich Schwarz-Weiß-Aufnahmen, damit eine empfundene oder vorgestellte Farbstimmung zum Ausdruck gebracht werden kann. Zu Hause male ich meine Aquarelle oft nach eigenen Schwarz-Weiß- oder Farbskizzen. Dieses Beispiel zeigt, daß auch nach Pastellzeichnungen gearbeitet werden kann.

*4* Mit einem feinen Haarpinsel und hellem Blau deuten Sie die Zeichnung an und lassen diese trocknen. Als Verlauf malen Sie dann alle Gelb und hellen Orange sowie die Brauntöne. Nach dem Antrocknen folgen die hellen Blautöne nach gleicher Technik. Zusätzlich ziehen Sie mit großen Strichbewegungen die Berge und Büsche im Vordergrund. Wichtig ist, daß der Untergrund durch das Übermalen nicht aufgeweicht wird. Das kann geschehen, wenn zu lange übermalt wird. Ein bis zwei Striche sollten genügen, dann bleibt die untere Farbschicht erhalten.

Die dunklen Felsen malen Sie selbstverständlich zuletzt, genauso wie die Pinselzeichnung. Wird genügend mit warmen Farben untermalt, so erhalten Sie nun eine warme, südliche Stimmung. Wenn nicht, entsteht eher eine kalte, nordische Landschaft.

*3*

*Cinque Terre, Italien*

*4*

Bergfrühling

Sommer in der Elfenau bei Bern

# Die Jahreszeiten und ihre Farbklänge

Das Empfinden und Aufnehmen der jahreszeitlich sich verändernden Natur sollte elementare Bedeutung für jeden Landschaftsmaler besitzen. Leider ist dem nicht immer so. Wie langweilig kann eine Ausstellung von Aquarellen wirken, wenn deren Schöpfer von A bis Z dieselben Farbrezepte in jedem Bild wiederholt. Gerade damit nicht immer dieselben Farbstimmungen wiederkehren, ist es wichtig, die Augen zu öffnen und das Wechselspiel der Jahreszeiten in sich aufzunehmen. Beobachten Sie also anhand der folgenden Beispiele einfach nur einmal den über die Farben bestimmten Ausdruck der Landschaft.

*1* Der Vorfrühling ist gekennzeichnet durch seine reichlich vorhandenen Erdfarben. Hier eine Zusammenfassung der im Handel erhältlichen Erdfarben: Goldocker, gelber Ocker, Siena natur, Terra di Siena gebrannt, Umbra Natur, Umbra grünlich, Umbra gebrannt, Pozzuoli-Erde, grüne Erde, Veronesergrün. Wenn zu Beginn des Jahres die Gräser noch zaghaft sprießen, dominieren diese Farbtöne. Erdfarben haben den großen Vorteil, daß sie im Zusammenspiel mit allen übrigen Farben neutral wirken. Mit ein Grund, warum die Altmeister zu Beginn eines Bildes Erdfarben benutzten. Unser Beispiel zeigt vor allem Umbra Natur und Veronesergrün.

*2* Wie üppig wirken dagegen die Farben im Sommer! Nördlich der Alpen dominieren die intensiven Grün. Gerade deswegen haben viele Malerinnen und Maler mit dem Grün große Mühe. Das rührt nicht selten daher, daß das Grün (möglichst das giftigste) häufig unvermischt aus der Tube aufgetragen wird. Chromoxydgrün ist die intensivste Farbe, Kobalt-, Veroneser- oder Olivgrün sind angenehmer. Bei diesem Bild wurde stark mit Gelb untermalt. In Strichtechnik habe ich die übrigen Rotbraun, Blau und Grün ins nicht völlig angetrocknete Bild gemalt. Viele der Grüntöne wurden selbst gemischt, selbst das gefährliche Chromoxyd (mit Blau, Gelb oder Rot brechen).

*3* Der oftmals besungene Herbst ist bekannt für seine reiche Farbpalette. Die frappierende Harmonie oft gegensätzlicher Farbtöne entsteht nicht zuletzt dadurch, weil die zahlreichen Erdfarben verbindend wirken und andererseits viele Farben mit Schwarz leicht gebrochen sind. Dabei erreichen die Farbtöne untereinander ebenfalls eine Harmonie (siehe mittlerer Farbkreis, S. 27). Ein Mischen von Gelb mit Schwarz ergibt Ocker. Orange und Rot mit Schwarz gemischt ergeben differenzierte, schöne Brauntöne.
Das Aquarell eines Herbstwaldes wird in unserem Beispiel von einer Erdfarbe dominiert, dem gelben Ocker. Violett, Grün und Blau wirken dabei nur ergänzend.

*4* Wandern wir durch eine schneebedeckte Landschaft, fallen uns die Blaustimmungen besonders auf. Wenn die Sonne scheint, wird die Blauskala durch die vielen verschiedenen Helligkeitskontraste erweitert und bereichert. Warme Farben wie Orange und Ockerbraun bilden angenehme Komplementärfarben (siehe S. 27). Selbst eine Nebellandschaft kann durch wohltuende Graublau angenehm wirken. Das gezeigte Winteraquarell wirkt besonders durch die starken Helligkeitskontraste. Dabei ist es vorteilhaft, möglichst viele weiße Papierflächen offen zu lassen, damit der Eindruck von Schnee erhalten bleibt.

*Herbst im Dählhölzliwald*

*Winter in Schönried, Berner Oberland*

# Häuser

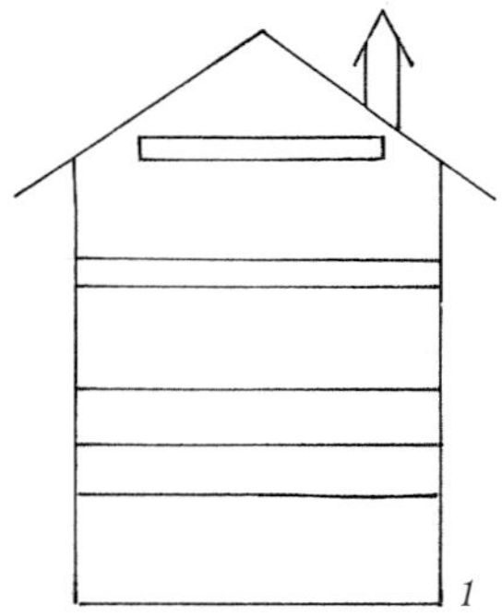
1

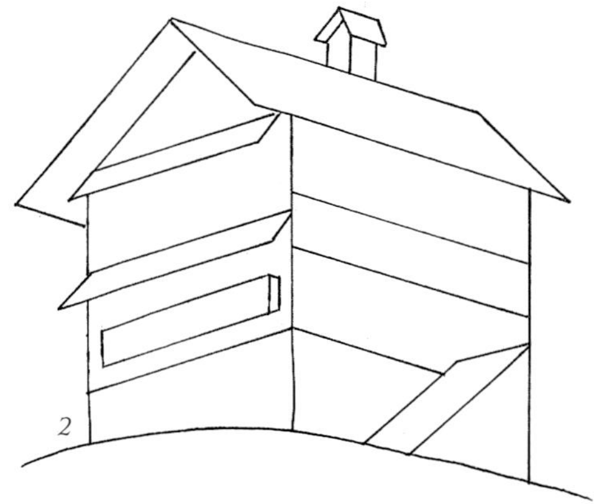


## Übungen zur Perspektive

Beim Zeichnen eines Hauses gibt es verschiedene Darstellungsmöglichkeiten. Oft macht das Zeichnen Mühe, besonders wenn ohne Überlegung gearbeitet wird. Wenn wir nur mit dem Gefühl zeichnen, ist die Arbeit oft zum Scheitern verurteilt. Die folgenden Beispiele erläutern die Parallel- und Fluchtperspektive.

*1* Die einfachste Darstellung eines Hauses ist die Frontalansicht. Senkrechte und waagrechte Linien laufen hier meistens parallel, außer es handelt sich um ein sehr altes, baufälliges Haus.

*2* Nicht alle Häuser stehen uns frontal gegenüber, und es werden oft zwei Seiten sichtbar. Am wenigsten Mühe bereitet die Parallelperspektive. Alle Linien der einen sowie der anderen Seite laufen hierbei parallel, entweder nach unten oder nach oben, wie die Bilder 3 bis 5 veranschaulichen.

*3* Egal, ob Parallel- oder Fluchtperspektive – die grundsätzliche Überlegung heißt immer: Wo befindet sich das Objekt und wo stehe ich?

In allen drei Beispielen bildet die durchgehende waagrechte Linie die Augenhöhe. Sind zwei Seiten eines Hauses sichtbar, laufen in der Fluchtperspektive die linken und die rechten Linien auf einen Fluchtpunkt zu. Beide Fluchtpunkte (links und rechts des Hauses) befinden sich immer auf unserer Augenhöhe. Außerdem ist die linke Hälfte des Hauses weniger sichtbar und daher schmäler, die rechte Seite dafür etwas breiter. Bei der Flucht- sowie bei der Parallelperspektive müssen also auf der schmäleren Seite die Linien steiler nach unten fallen als sie auf der breiteren ansteigen. In unseren Beispielen befindet sich der Fluchtpunkt links daher etwas näher beim Haus als rechts. Bei ganz schmalen Ansichten kann das sehr deutlich zum Ausdruck kommen, da die Linie dann sehr steil fällt oder ansteigt.

Im linken Beispiel liegt der Gegenstand über dem Auge des Betrachters – wir sprechen somit von einem Haus, welches sich über Augenhöhe befindet (Fluchtperspektive).

*4* Dieses Haus steht nun direkt auf Augenhöhe. Auf Augenhöhe sind alle Linien waagrecht. Deshalb neigen sich die oberen Linien, die sich über unseren Augen befinden, links und rechts nach unten, während die Linien, welche sich auf Augenhöhe befinden, waagrecht bleiben (Parallelperspektive).

*5* Hier befindet sich das ganze Haus unter uns, also unter der Augenhöhe. Das hat zur Folge, daß sämtliche Linien nach oben auf die beiden Fluchtpunkte zielen (Fluchtperspektive).

Zusammenfassend ist also vor Beginn der Arbeiten folgendes zu klären:
1. Zeigt sich das Haus in Frontal- oder Zweiseitenansicht?
2. Wo befinde ich mich, wo steht das Haus?
3. Sind beide Seiten gleich sichtbar (in diesem Fall neigen sich die Linien links und rechts gleich stark), oder ist eine Seite weniger sichtbar als die andere?
4. Dementsprechend ist die Parallel- oder die Fluchtperspektive zu wählen.

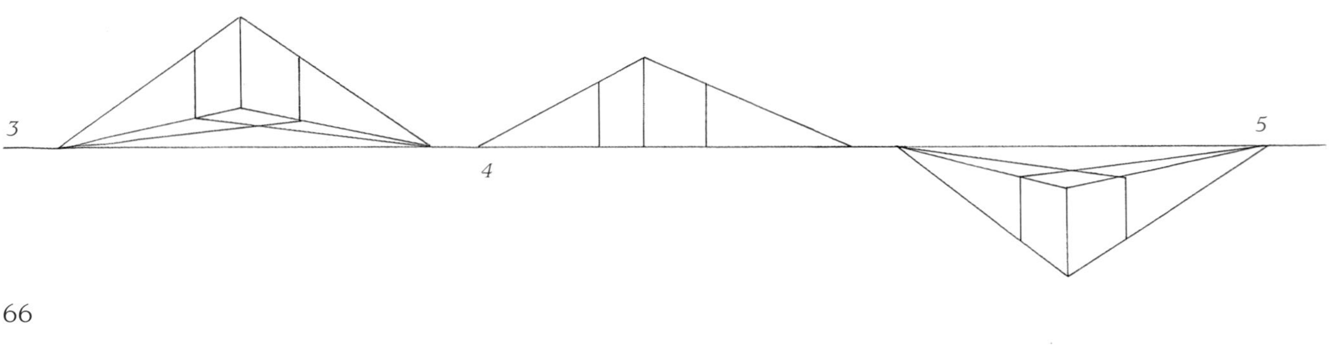

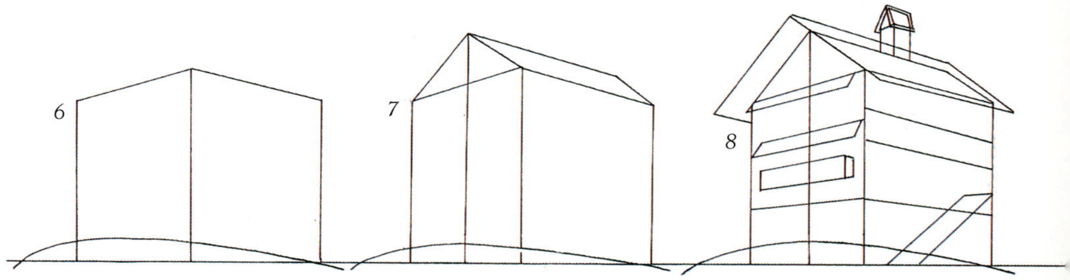

*6* Sind diese Punkte abgeklärt, kann mit dem Zeichnen begonnen werden. Am einfachsten ist der Aufbau eines Hauses mit einem Würfel zu zeichnen. Sie zeichnen zuerst die Mauern ohne Dachgiebel, aber in der richtigen Position. In diesem Falle befindet sich das Haus mit der untersten Linie direkt auf Augenhöhe, alles Übrige jedoch liegt über uns. Die leicht gewölbte Wiese verdeckt die Bodenlinie teilweise.

*7* Tragen Sie die Mitte ein, um die Position des Giebels besser finden zu können. Es lohnt sich immer, Hilfslinien zu ziehen; dies gilt ebenfalls für die schrägen Linien, wie die Bilder 3 bis 5 zeigen.

*8* Erst jetzt tragen Sie Balkone, Vordächer, Treppe, Kamin etc. ein. Bemühen Sie sich, die Linien links und rechts auf die beiden Fluchtpunkte zulaufen zu lassen. Die Fluchtpunkte müssen immer auf gleicher Höhe liegen.

## *Alla-Prima-Technik*

*9* Wer wenig Übung im Darstellen von Häusern hat, zeichnet die ganze Komposition mit Bleistift zuerst gründlich auf. Mit etwas Übung kann mit dem feinen Haarpinsel und einem Braunton (Gebrannte Siena) vorgezeichnet werden, jedoch sollten nur die Hauptumrisse angelegt sein. »Alla-Prima-Technik« wird diejenige Technik genannt, bei der spontan und direkt – ohne Untermalung – Farbe aufgetragen wird.

Damit die Farben nicht auseinanderfallen, ist es eine Hilfe, trotzdem mit warmen Tönen (Citrongelb, Ocker) den Hintergrund flüssig vorzulavieren. Nach dem Trocknen wird teils in Tupf-, teils in Strichtechnik die Farbe spontan aufgetragen. Im Haus selbst werden die Flächen ebenso laviert; auch der Kirchturm und die Wiese. Gezielt werden nun Vordächer, Balkone und Fenster in einem Strich gemalt. Für den dunklen Braunton verwenden Sie Sepia, als Blau Kobalt und Ultramarin.
Beim ganzen Aquarell bemühen Sie sich, nur einmal Farben aufzutragen; das Hin- und Herfahren mit dem Pinsel ist zu vermeiden. Ganz zuletzt erfolgt die ergänzende Zeichnung mit dem dünnen Haarpinsel.

9

*Haus in Stalden, Kanton Obwalden*

# *Dorfausschnitt – Klassischer Bildaufbau nach separater Rötelzeichnung und Farbskizze*

*1*

*2* Eine spontane Farbskizze ergänzt die Vorarbeiten. Sie entsteht dann, wenn weniger auf die Zeichnung, dafür mehr auf die Farben geachtet wird. In der glühenden Sommersonne war ich beeindruckt von den Orange-Tönen in den Dächern des Bauernstädtchens und versuchte viele Variationen von Gelb, Orange und Rot auf das Blatt zu bringen. Dabei ist die Aufmerksamkeit weder auf die Perspektive noch auf die Einzelheiten zu lenken. Spontane farbige Flecken sind weitaus hilfreicher. Die Zeichnung kann anschließend immer noch ergänzend angebracht werden.

*1* Rötel ist eine bräunliche Erdfarbe. Ein Rötelstift kann in Bleistiftform oder als Pastellstift gekauft werden. Nach dem Zeichnen oder vor dem Malen muß eine Rötelzeichnung schwach fixiert werden (mit Bleistift- oder Kohlefixativ). Häuserkompositionen wollen zuerst gründlich gezeichnet sein, deshalb empfehle ich hier z. B. eine gute Rötelstudie, mit Andeutung der hellen und dunklen Partien. Auch zur Abklärung der geeigneten Perspektive ist eine solche Studie nützlich; im vorliegenden Fall wurde die Fluchtperspektive verwendet.

*2*

*3*

*4* Nötigenfalls wird ein zweites Mal übermalt (möglichst nach dem Antrocknen), was Ihnen erlaubt, auch das Material der Häuser (Mauern, Bretter) leicht anzudeuten. Auch in diesem Schritt werden helle Grün- und Blautöne untermalt.

Da wir gewisse Partien mehrmals in Strichtechnik übermalen, werden schichtweise – jedoch in einem Zug! – auch die dunkleren Farben der Hauptakzente angebracht.

*3* Zu Beginn des Aquarells empfehle ich das Vorzeichnen mit feinen Rötelstrichen. Dabei umreißen Sie nur die notwendigsten Linien. Auf keinen Fall wird schattiert oder schraffiert. Störende Linien können vor dem Fixieren mit einem Knetgummi entfernt werden. Um die großen Flächen zu bewältigen, wird anschließend laviert. So haben Sie die Möglichkeit, die Dächer mit einem Farbverlauf (siehe S. 57) so lebendig wie möglich zu gestalten. Sie beginnen mit dem hellsten Gelb, sämtlichen hellen Orange- und Rottönen, ebenso mit Rosa und Violett (Kobaltviolett).

*4*

*5* Zum Schluß konzentrieren Sie sich auf den Zusammenhang. Die Rötelzeichnung dient Ihnen dabei als Anhaltspunkt. Blau, Grau und Violettöne werden erneut – jedoch in Strichtechnik – übermalt. Sie richten Ihr Augenmerk auch besonders darauf, daß nirgends zwei gleich helle oder dunkle Flächen aneinandergrenzen. Dunkle und helle Flächen sollen sich immer ablösen. Mit dem dünnen Haarpinsel (Schlepper) ergänzen Sie die Zeichnung an Stellen, wo sie verlorengegangen ist. Dank der Rötelzeichnung und der Farbskizze können später noch weitere Bilder gemalt werden, auch zu Hause und unabhängig von der Natur.

*Büren an der Aare*

*5*

# *Stadtbild – Klassischer Bildaufbau nach separater Kohle- und Farbskizze*

Die Vorzeichnung kann mit verschiedenen Materialien ausgeführt werden, wie wir bereits gesehen haben. Neben Bleistift, Farbstift und Rötel wird auch das Vorzeichnen mit Aquarellfarbe gepflegt. Dies ist eine Technik, die sehr reizvoll sein kann, jedoch ist sie nur für geübte Aquarellmaler/-innen empfehlenswert: Die Zeichnung löst sich dabei gerne auf oder schmiert, und es muß in einem Zug gearbeitet werden.
Das klassische Vorarbeiten mit Schwarz-Weiß-Zeichnung und Farbskizze ist natürlich immer da besonders nützlich, wo schnell gearbeitet werden muß.

*1* Holzkohle ist das beste Material zum Zeichnen. Angenehm im Strich, nicht zu schwarz färbend und vielseitig. Als Papier eignet sich ein nicht zu glattes, besser ein weiches, leicht körniges Material. Ich verwende für Kohlezeichnungen Ingrespapier. Das Vorzeichnen erfolgt zuerst mit feinen Strichen (Kohle nachziehen oder flach führen!); daraufhin wird mit der ganzen Breite des Kohlestückchens getönt. Ich verwende Stücke von etwa 3 bis 4 cm Länge. Zum Wegwischen dienen nötigenfalls ein weicher Lappen und ein Knetgummi. Wie beim Rötel muß auch Kohle nach der Arbeit fixiert werden.

*1*

*2* Da meine Farbskizzen möglichst klein sind (dadurch entsteht viel schneller ein Gesamtbild), arbeite ich viel mit Tupfen. Vorgesehen ist ein Grünklang, was reichlich gelbe, orange und ockrige Töne als Untermalung erlaubt. Eine Farbskizze braucht überhaupt keine Zeichnung aufzuweisen.

*2*

*3* Das Aquarell mit Rotbraun als Anhaltspunkt für die gelben und roten Farben mit dem Schlepper vorzeichnen. In einem zweiten Arbeitsgang – nach dem Trocknen – werden die Orange- und Rottöne gemalt. Es spielt überhaupt keine Rolle, wenn dabei die Farben über die gezeichnete Linie treten. Wichtig ist das Malen in einem Arbeitsgang, damit sich die Zeichnung nicht auflöst.

*3*

*4*

*4* Das Einzeichnen mit grüner Farbe erfolgt erst jetzt und erlaubt Ihnen, anhand der farblichen Vorarbeit und der Kohlezeichnung Bildpartien präziser darzustellen. Übermalt wird jetzt auch mit hellen, kalten Farben, wobei auch versucht wird, Grünwerte zu erhalten. Das geschieht, indem die Gelbtöne mit Kobaltblau übermalt werden, aber immer möglichst in einem Tupfer oder Strich.

*5* Sind die flächigen Farben des Grundes gemalt, kann mit den Einzelheiten begonnen werden. Aus der Kohleskizze übernehmen wir die Hauptakzente und tragen diese ein. Als Grün können nun Echtgrün, Olive oder stärkere Grün Verwendung finden; dunkle Stellen erhalten Sie ebenso mit Ultramarinblau. Mit Kobaltviolett ergänzen Sie die Hausdächer. Fehlt am Schluß durch die Übermalungen die Zeichnung, kann diese nachträglich wieder ergänzt werden. Fenster, kleine Bäume, Kamine deuten Sie zuletzt an, nötigenfalls kann auch Chinesischweiß in verdickter Form zu Hilfe genommen werden (für helle Mauern und Kamine).

*Wabern mit Gurten, Bern*

5

# Dächer von Paris – Großformatiges Aquarell ohne Vorzeichnung

Eine ausgezeichnete und spannende Übung kann es sein, über mehrere Tage oder eine längere Zeitspanne hinweg ein Motiv zu malen. Ich wohnte in Paris einen ganzen Winter lang in einer Dachkammer und malte täglich dasselbe Motiv, da ich nur ein kleines Fenster hatte. Wenn ich zu Beginn etwas betrübt war wegen der mangelnden Abwechslung, so wurden meine Anstrengungen doch nachher täglich neu belohnt. Jeder Tag brachte neue Farbstimmungen und war nie gleich wie der vorangehende. Durch das Wiederholen des Bildmotivs wurden die Dächer und Gebäude immer vertrauter, und ich hatte bei der Zeichnung überhaupt keine Mühe mehr. Hemmungen oder leichte Verkrampfungen lösten sich, der Farbauftrag wurde täglich lockerer und spielerischer, was dem Wesen des Aquarells sehr entgegenkam. Ich konnte mich voll und ganz auf die Farbstimmung konzentrieren.

Hier handelt es sich um ein großes Bildformat von 50 x 64 cm. Mit flüssigen Strichbewegungen werden Rosa- und Ockerfarben über die Malfläche gezeichnet. Auch mit dem großen Aquarellpinsel läßt sich zeichnen, einmal mit breiten Strichen, ein andermal mit dünneren, Schicht um Schicht wird übereinandergelegt, aber immer nur soviel neue Farbe verwendet, daß die rötliche Grundstimmung nicht verlorengeht. Helle Stellen bearbeite ich nicht im Detail, die Farben sollen sich gegenseitig durchdringen. Für dünnere Striche benutze ich einen mittleren Aquarellpinsel. Dank dem sorgfältigen Auswaschen der Pinsel nach Gebrauch und dem Einwickeln in eine Pinselrolle (siehe Materialtafel S. 8/9) male ich heute – nach 34 Jahren – noch mit denselben Pinseln. Ein guter Aquarellpinsel ist eine kostspielige Anschaffung; doch die Dauer bei guter Pflege ist lebenslänglich. Dank der guten Farbqualität besitzen die Farben noch heute die gleiche Frische. Künstlerfarben unterscheiden sich von Studienfarben durch ihre Lichtechtheit.

*Dächer von Paris*

# Spontanes Aquarell

## Früchtestilleben mit Zwischenzeichnung

Es kann Momente geben, in denen Sie nicht recht wissen, was Sie malen möchten, und doch Lust haben, etwas zu tun. In diesem Fall setzen Sie Farben aufs Blatt und verteilen diese mit spontanen Bewegungen. Während das Bild allmählich Formen und Farben annimmt, werden Sie dadurch inspiriert, und eine Bildidee läßt sicher nicht mehr lange auf sich warten. Die gleiche Vorgehensweise empfehle ich Ihnen auch, wenn ein Motiv schon vorhanden ist, jedoch noch Unsicherheiten bestehen hinsichtlich der Bildeinteilung.

1

2

*1* In unserem Fall ist ein Früchtestilleben mit runder, heller Tischoberfläche geplant. Wenn Sie sich mit Bestimmtheit vornehmen, das Bild in einem eindeutigen Farbklang zu halten, wird dies auch bei dieser Übung von Nutzen sein. Wir entschließen uns diesmal für Braunrot! Citrongelb, Ocker und Englischrot (oder Gebrannte Siena) werden nacheinander spontan über das Blatt verteilt. Da eine weiße Tischfläche vorhanden ist, lassen wir auch genügend weiße Stellen offen.

Erst jetzt beginnen Sie sich zu überlegen, wo die einzelnen Gegenstände zu liegen kommen und können dies nun anhand der bereits vor Ihnen liegenden Farben besser entscheiden.

*2* Mit Bleistift zeichnen Sie die groben Umrißlinien von Tisch und Früchten ein. Dabei spielt es überhaupt keine Rolle, wo die einzelnen Gegenstände plaziert werden. Zeichnen Sie ruhig über bestehende Farben hinaus! Falls Sie gezielter vorgehen möchten, machen Sie sich jetzt eine kleine Schwarz-Weiß-Skizze (mit Bleistift). Bei den gemalten Flächen werden jetzt vor allem die dunklen Partien angelegt, um die Akzente zu verteilen. Sie beschränken sich aber auf die rot-braunen Farbtöne.

*3* Wenn nun im letzten Schritt die naturalistische Ausarbeitung erfolgt, wird anhand dieses Beispiels deutlich, wie auch hier eine spontane, freie Untermalung nützlich sein kann. In Laviertechnik (siehe S. 62/63) überarbeiten Sie nun einzelne Partien (Birne, Apfel, Traube, Tisch etc.). Will man kleinere Partien lavieren, wie z. B. eine Traubenbeere, so tragen Sie mit kleinerem Pinsel die Farbe auf, und zwar möglichst am Rand des Gegenstandes. Sie waschen den Pinsel aus und stupfen ihn auf dem bereitliegenden Lappen ab. Dann malen Sie mit dem noch feuchten Pinsel in die ebenfalls feuchte Fläche und erzielen damit einen Farbverlauf. Mit hellem Blau (Kobalt) lavieren Sie nun auch größere Flächen und erzielen dank der Untermalung mit Rot violette Farbtöne. Reines Violett (siehe Farbkreis S. 27) erhalten Sie nur mit Kobalt- oder Ultramarinblau und Karminrot (oder Krapp). Zum Schluß ergänzen Sie noch Einzelheiten wie Lichter auf den Trauben mit Chinesischweiß, alsdann die Struktur des Apfels und die Stiele. Auch beim naturalistisch gehaltenen Bild muß die Farbeinheit (Braunklang) erhalten bleiben, was oft durch zu viele Details verlorengeht.

*Stilleben mit Früchten*

*3*

# *Fische ohne Vorzeichnung*

1

Wird bei einem Bild nicht vorgezeichnet, kann dies die spontane Malweise fördern. Der Farbauftrag wird freier und lebendiger, und das Hauptaugenmerk gilt nur der Farbharmonie. Wie ich immer wieder betonen möchte, hängt der Erfolg bei diesem Vorgehen davon ab, ob zielstrebig auf eine Bildidee hingearbeitet wird. Meine Erfahrung geht dahin, daß vorangehende kleine Bleistift- und Farbskizzen das freie Aquarellieren nur fördern.

*1* Gelbe Farbtöne (Kadmiumgelb, Citron) werden abwechselnd mit horizontalem Farbverlauf und grober Tupftechnik aufgetragen. In einem weiteren Malvorgang wird die gelbe Farbe mit Zinnober oder Kadmiumrot vermischt, so daß mit dunkleren Gelb weitergemalt werden kann. Vorgesehen ist ein Grünklang; deshalb darf mit Gelb großzügig untermalt werden. Die beiden unteren Fische untermalen Sie mit hellem Karminrot.

*2* Da Sie vorläufig keine Zeichnung zu respektieren haben, können sie mit kühnen und lockeren Tupfern helle Blautöne über die gelben und roten Farben malen – allerdings möglichst in maximal zwei Anläufen. Dadurch erhalten Sie hauptsächlich grüne, aber auch violette Farben.

*3* Die Zeichnung erfolgt erst jetzt mit einem Schlepper (dünner, runder Haarpinsel mit langem Stiel). Schlepper nennt man den Pinsel deshalb, weil die Haare relativ lang sind und dadurch viel Farbe fassen. Durch das Ziehen wird die Farbe »nachgeschleppt«, und es kann lange gezeichnet werden, ohne frische Farbe fassen zu müssen. Wird bei anderen Techniken im Stehen gearbeitet, gibt der lange Stiel mehr Bewegungsfreiheit, und es können auch größere Bilder angefertigt werden. Hierbei ist der Pinsel möglichst weit hinten, am Stielende, zu fassen. Beim Aquarell dagegen greift man den Schlepper weit vorn, um besseren Halt zu haben.

2

Die Farbe wird nie mit diesem feinen, delikaten Pinsel vorgemischt. Immer wird dazu der größere Aquarellpinsel verwendet.

*4* Nach dem Auftragen der Zeichnung mit rotbraunen, grünen und blauen Strichen erfolgt das Überarbeiten der dunklen Partien. Möchten Sie helle Fische, malen Sie mit dunkler Farbe um diese herum. Lavieren Sie nun auch den Hintergrund mit waagrechten Linien (siehe S. 62/63). Ganz zum Schluß mischen Sie das Blau mit Schwarz und tragen die dunkelsten Akzente ein: zuerst mit dem großen runden Pinsel, anschließend mit dem Schlepper.

*3*

*Stilleben mit Fischen*

*4*

# Ausschnitte aus der Natur

## Wiese - Tupftechnik und Pinselzeichnung

Eine gemalte Blumenwiese besitzt einen besonderen Reiz, auch wenn – wie hier – die Schattenseiten unserer Zivilisation damit ins Blickfeld rücken. Betrachten Sie einmal genau die Wiese einer sogenannten Abfalldeponie, und Sie entdecken ungewöhnliche Pflanzen von seltener Schönheit, Form und Farbe. Im vorliegenden Bild dominiert der Huflattich. Zwar herrscht das Grün vor, doch es ist mit eigenartigen Brauntönen durchmischt.

Damit trotz der vielen einzelnen Kräuter eine großzügige Komposition gelingt, bedienen Sie sich einer Technik, die auf S. 106/107 erklärt wird. Die hellen Stellen der weißen Blüten überarbeiten Sie vor dem Malen mit einer weißen Wachskerze, d. h. Sie zeichnen die Stellen, die hell bleiben sollen, mit Wachs ein. Dort wird die Aquarellfarbe abgestoßen. Anschließend wird mit größeren und kleineren Tupfern übermalt, ähnlich wie auf der vorigen Seite gezeigt.

Da ein Aquarellpinsel rund und weich ist, können Tupfer nicht gleich schnell gemalt werden wie mit dem Borstenpinsel. Größere Flecken entstehen durch mehrmaliges Hin- und Herstreichen. Je spontaner dies geschieht, umso frischer bleibt der Farbton. Auf unbemaltem Grund wirkt sich dies nicht so rasch aus. Werden jedoch Farbschichten übermalt, muß der Farbfleck möglichst in einem Zug entstehen. Aus diesem Grunde werden auch flache Haarpinsel verwendet – aber ich empfehle sie nicht!

Nachdem Sie mit warmen Farben (Gelb, Ocker, Rot) untermalt haben, versuchen Sie, mit Gelb und Blau die grünen Töne selbst herzustellen. Zusätzlich können Sie nun auch Echtgrün Olive verwenden – wenn diese Farbe nicht vorhanden ist, mischen Sie Gelb mit Schwarz. Für die dunklen Stellen eignet sich auch Indigo; wenn nötig mischen Sie hierfür Ultramarinblau, Grün und Schwarz. Zuletzt zeichnen Sie mit dem dünnen Haarpinsel Gräser und Details mit Dunkelbraun, Grün und Blau.

*Wiese einer Schutthalde*

# Felsen am Meer – Vorzeichnen mit Pinsel und Lavieren

Wir neigen gewöhnlich dazu, viel zu viel in unser Bildmotiv hineinzuzwängen. Beim Malen einer Felslandschaft muß nicht immer ein Hintergrund mit einbezogen werden. Je mehr Sie sich auf die Formen der einzelnen Felsen konzentrieren, desto eher entdecken Sie ihre Reichhaltigkeit. Beim Zeichnen ist es besonders nützlich, wenn gerade und runde Formen genau auseinandergehalten werden (siehe Seite 44 – 47). Wie auf S. 41 – 43 erläutert, bediente ich mich hier einer Pinselzeichnung: diesmal mit blauer Farbe. Mit stark verdünnter Farbe wurde anschließend Schicht um Schicht in einem Zug übermalt.

*1*

*1* Kobaltblau wird mit dem großen Pinsel auf der Palette vorgemischt. Mit dem Schlepper zeichnen Sie anschließend die Felsen ein. Dabei lassen Sie die Einzelheiten weg und konzentrieren sich auf die runden und geraden Formen. Es darf ruhig übertrieben werden; je mehr gegensätzliche Formen entstehen, desto interessanter wird das Bild. Beachten Sie auch die Zwischenräume und Löcher der Felspartien! Das Übermalen mit Ockergelb erfolgt in einem Strich durch Querstellung des Pinsels (siehe Lavieren S. 62/63).

*2*

*2* Als zusätzliche Farbe mischen Sie Rotbraun (Karminrot und Schwarz), konzentrieren sich auf die dunklen Akzente und untermalen die betreffenden Stellen mit dieser Farbe. Zum Anlegen des Verlaufs mit Abstufungen von Dunkel zu Hell ist die Pinselspitze stets auf die dunkelste Stelle gerichtet.

*3* Nun setzen Sie mit Ultramarinblau und Schwarz Akzente. Den Hauptakzent finden Sie hier in der oberen Hälfte gegen die Bildmitte zu. Damit ein Ausgleich der dunklen Partien stattfindet, werden die übrigen Schattenpartien ebenso übermalt, jedoch in einem schwächeren Farbton. Sie mischen abwechselnd mehr Grau (verdünntes Schwarz) als Blau (links im Bild), andererseits wieder mehr Blau als Grau (z. B. beim Meer), so daß auch hier ein lebendiges und reiches Spiel in Farbe und Hell-Dunkel entsteht.

Entdecken Sie, wie ein Bildausschnitt von »ganz gewöhnlichen Felsen« plötzlich spannend werden kann?

*Felsen am Mittelmeer*

*3*

# Das Auswaschen

## Kantige Felsen – Auswaschen der hellen Stellen

Ein gutes Aquarell sollte helle und dunkle Stellen aufweisen. Während die dunklen Stellen jederzeit aufgetragen werden können, müssen die weißen von Anfang an ausgespart sein. Da Deckweiß zum nachträglichen Aufhellen nach Möglichkeit vermieden werden sollte, bietet sich die Technik des Auswaschens von Farben an. Diese kann auch dienlich sein, wenn versehentlich zuviel Farbe aufgetragen wurde. Bei reiner Tupftechnik gibt es keine scharfen Linien. Gerade aber wenn das Motiv scharfe Lichtkanten verlangt (wie hier der Felsausschnitt), kann mit Auswaschen die ideale Wirkung erzielt werden.

1

*1* Die zu erhellende Stelle wird mit zwei Papierstreifen begrenzt. Mit einem ausgewrungenen, feuchten Schwamm wischen Sie die betreffende Stelle aus. Gegen die Papierkante zu gibt es eine scharfe Abgrenzung, was für Lichteffekte sehr nützlich sein kann.

*2* Beinahe jeder Felswandausschnitt weist spannungsvolle und kontrastreiche Formen auf. Sehr schmale Felsbänder wechseln mit breiten Partien; mit Licht beschienene Stellen stehen im Zusammenhang mit sehr dunklen Partien. Oft sind auch durchgehende Linien erkennbar – ob von oben nach unten oder von links nach rechts. Neben den warmen Farben wurde hier viel Grau verwendet. Achten Sie darauf, wie sich im Bild die warmen und kalten Grautöne abwechseln.

Da das in warmen Farbtönen gehaltene und in Tupftechnik gemalte Bild zu wenige scharfe Kanten aufwies, wurde mit Papierstreifen und Schwamm nachgeholfen. Verwenden Sie nie schmutziges Wasser und waschen Sie den Schwamm mehrmals aus!

*Felsen im Engadin*

2

# *Zirkus – Auswaschen harter Lichteffekte*

Im Zirkus herrscht gewöhnlich gedämpftes Licht vor. Dementsprechend wurde das Bild in dunklen Farben gemalt, doch fehlten die Lichteffekte des Tageslichts. Mit übereinandergelegten Papierstreifen habe ich hier die hellen Stellen mit dem Naturschwamm ausgewischt. Wenn runde Formen zu wischen sind, schneiden Sie sich mit der Schere die passende Schablone. Über den trockenen Grund kann wieder gemalt werden.

*Im Zirkuszelt*

# *Auswaschen eines mißlungenen Aquarells*

Mißlungene Aquarelle sind keine Seltenheit. Malen Sie – wenn möglich – lieber mehrere Aquarelle während Ihres Aufenthalts im Freien oder im Atelier. Ich pflege beim Malen meist auf zwei Aquarellblöcken praktisch gleichzeitig das gleiche Motiv zu malen. Das hat zwei große Vorteile: Nach dem Malen kann ausgewählt werden und während des Malens kann das andere Bild trocknen. Besonders bei kühlerem Wetter erspart man sich das lange Warten bis zum Antrocknen.

Mit dem Auswaschen kann aus manchem unbefriedigendem Bild noch eine interessante Lösung entstehen. Insbesondere bei vollständigem Auswischen entstehen oft eigenartige, weiche Wirkungen, welche gewollt nicht erzielt werden können. Gewisse Farben haften besser im Malgrund, andere wiederum lassen sich teilweise entfernen. Diese weichen Stimmungen verleiten oft zum Übermalen; ich empfehle aber, in diesem Fall nur einzelne Stellen zu übermalen und andere zu belassen. In unserem Beispiel wurden nur die beiden Rinder nachträglich schwach übermalt, die restlichen Farben blieben unbehandelt. Die Wischtechnik sollte nicht zur Gewohnheit werden: Machen Sie nur in zwingenden Fällen davon Gebrauch.

*In der Menagerie*

# Tiere

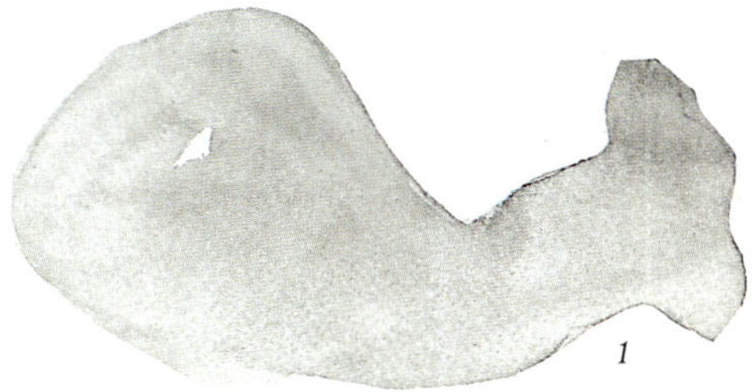

1

2

## *Zeichnen mit breitem und feinem Pinsel*

Meister im Umgang mit dem Pinsel sind die Asiaten. Die Handhabung dieses subtilen Werkzeugs wird schon in der Schule erlernt. Uns Europäern fehlt – insbesondere im Zeitalter des Kugelschreibers – das Gefühl dazu. Und dennoch möchte ich Sie dazu ermuntern, mehr Pinselzeichnungen anzufertigen, denn mit der Übung wächst auch die Fertigkeit. Für die Darstellung eines Tieres in Bewegung eignet sich beispielsweise der Pinsel sehr gut. Sie benötigen einen größeren und einen kleineren Aquarellpinsel sowie etwas Farbe.

*1* Nachdem Sie eine eher dünne Farbe vorgemischt haben, wird mit dem breiten Haarpinsel die am Körper ablesbare Bewegung des Tieres nachvollzogen. Für den Anfang ist die Seitenansicht am einfachsten wiederzugeben. Sie verfolgen die Linie vom Kopf zum Schwanz, der Wirbelsäule entlang. Diese Linie nachzuempfinden ist das wichtigste für den Ausdruck der Bewegung. Lassen Sie sich von Ihrem spontanen Gefühl leiten; wenn eine Linie danebengeht, spielt das überhaupt keine Rolle.

*2* Nachdem Sie die Bauchlinie ergänzt haben, werden mit aufgerichtetem Pinsel auch die Beine in einer Linie nachgezogen.

*3* Nach dem Antrocknen der Farbe wird die Bewegung mit einem dunkleren Farbton derselben Farbe wiederholt. Im Kastendeckel mischen Sie sich die Farbe vor und mit dem feinen Haarpinsel zeichnen Sie die Linie. Dank dem bereits vorhandenen flächigen Untergrund fällt es Ihnen nun leichter, die Bewegung auszuführen und die Proportionen zu finden. In einem Schwung zeichnen Sie die Rückenlinie vom Kopf bis zum Schwanz. In einer weiteren Linie werden Halslinie und Bauch gezeichnet. Auch die Beine entstehen jeweils nur in einer Linie. Das hat den Vorteil, daß Sie sofort die Bewegung erfassen können. Die zweite Linie der Beine, die Ohren, Maul, Augen etc. können Sie später immer noch ergänzen, auch wenn das Tier inzwischen eine andere Stellung eingenommen hat. Nach einiger Übung stellt man fest, daß eigentlich die Linie der Wirbelsäule und zwei, drei Beinlinien genügen, um das Tier zu vervollständigen.

Sie können auch versuchen, einfachere Tiere wie Hühner, Vögel oder Fische nur mit dem großen Pinsel zu malen. Aber auch hier gilt, sich nicht in Einzelheiten zu verlieren und versuchen, die Bewegung in einem Zug festzuhalten.

3

# *Skizzieren von Bewegungen mit feinem Pinsel*

Es ist recht anspruchsvoll, kleine Affen auf dem Papier festzuhalten, weil diese ständig in Bewegung sind. Zeichnen Sie direkt nach der Natur: Im Freien bleibt keine andere Wahl, als diese Tiere schnell und mit möglichst wenigen Strichen zu Papier zu bringen. Hier haben Sie die Möglichkeit, sich beim Arbeiten von Ihrem Gefühl leiten zu lassen. Ich schaue bei solchen Zeichnungen jeweils praktisch nur auf das Tier und versuche, daß meine Hand wie ein Seismograph nur vom Gesehenen und vom Gefühl geführt wird. Durch mehrmaliges Üben entsteht so eine Fertigkeit, die es erlaubt, auch im Dunkeln, also ohne das Blatt zu sehen, zu arbeiten.

Das Resultat solcher gefühlsbetonter Zeichnungen sind lebendig wirkende Tiere. Es entstehen keine hölzernen, statisch leblosen Figuren. Selbstverständlich versuchen Sie auch bei diesen Zeichnungen, den Proportionen gerecht zu werden. Ich empfehle Ihnen deshalb, in Zoologischen Gärten auch zu zeichnen, am besten mit einem einfachen Zeichenblock, Stift, Pinsel und Aquarellkasten.

*4*

Mißlingt ein Blatt, so beginnen Sie gleich nochmals von neuem. Lassen Sie alle Linien stehen und versuchen Sie innerhalb derselben Zeichnung bei falschen Ansätzen nochmals zu beginnen. Diese Betätigung ist nicht nur enorm entspannend, sondern zugleich aufschluß- und abwechslungsreich.

*4* Wie bei Bild 3 erklärt, suchen Sie zuerst die Linie der Wirbelsäule, dann die Bauch- und Beinlinie. Dies kann sehr schnell geschehen und zeigt genau die Stellung. Für weitere Einzelheiten bleibt nun Zeit, denn Sie sind nicht mehr auf die unmittelbare Position des Tieres angewiesen und können dieses immer ergänzen. In gleicher Weise läßt sich mit jedem Stift arbeiten; im Freien bevorzuge ich weiche Arbeitsgeräte, die nicht verschmieren und sofort trocknen (Bleistift 2B, Ölkreide, Lithostift oder dünner Filzstift). Wie bei den meisten Übungen gilt auch hier der Grundsatz: Verlieren Sie sich nicht in Einzelheiten, denn der Gesamtausdruck steht über den Details.

*5* Umgekehrt zur vorhergehenden Übung können Sie hier im Anschluß an die Pinselzeichnung noch eine skizzierte Farbfläche über den Umriß legen.

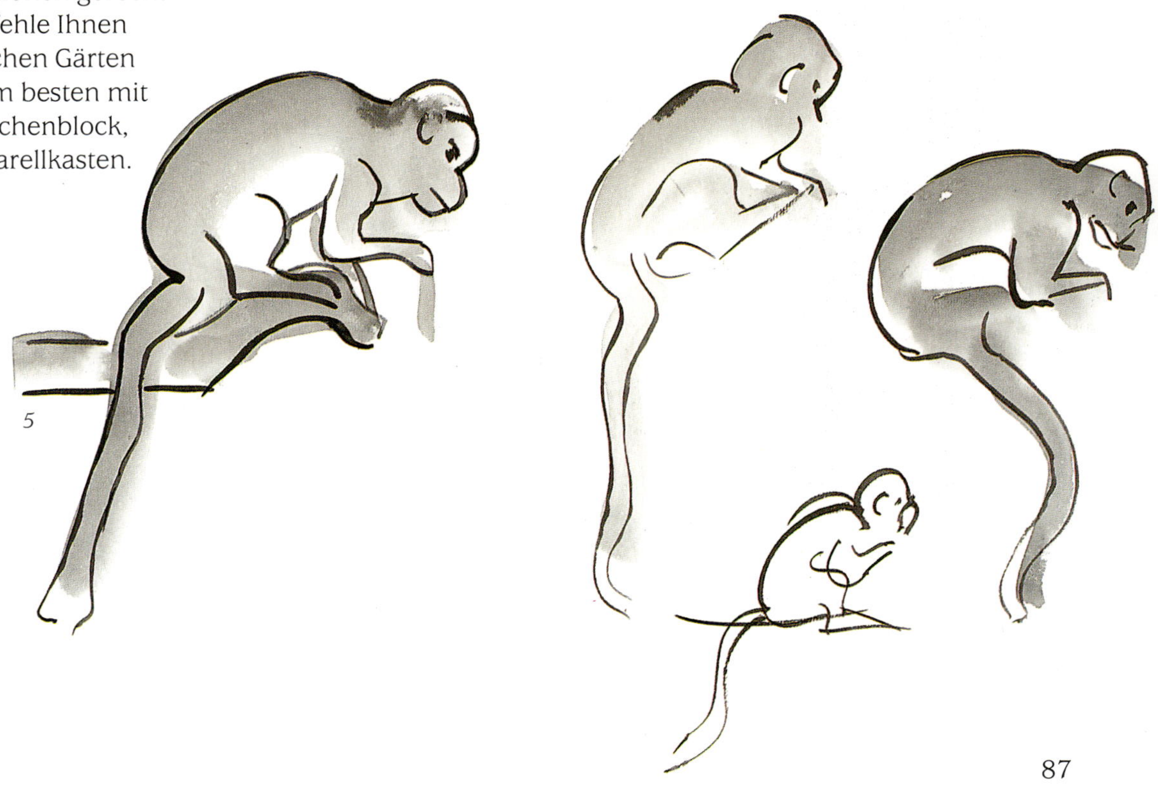

*5*

# *Das Porträt*

## *Kopfstudien*

Darstellungen des Menschen sind anspruchsvoller als Landschaften oder Blumen. Es gibt Leute, die dafür besondere Begabung besitzen, andere wiederum weniger.

Dennoch scheint mir empfehlenswert, es einmal zu versuchen. Mit einigen Grundbegriffen läßt sich der Kopf aufbauen, deshalb empfehle ich, das Porträtmodell vorher zu zeichnen. Im vorliegenden Fall zeichnen Sie mit Holzkohle. Holzkohle kann mit dem Lappen oder dem Knetgummi ausgewischt werden und ist vor dem Malen zu fixieren. Führen Sie die Kohle möglichst flach und ziehen Sie sie in Strichrichtung nach – wie es beim Haarpinsel gemacht wird.

*1* Bevor ein Kopf gezeichnet wird, muß festgestellt werden, ob sich die Person über uns, auf gleicher Höhe oder unter uns befindet. Da sich für die Einteilung gewisse Linien verändern, ist diese Grundfeststellung wichtig. Der hier gezeigte Kopf befindet sich über unserer Augenhöhe. Er ist zu 3/4 nach rechts gedreht.

Zuerst zeichnen Sie die Mittellinie ein. Diese befindet sich nun nicht mehr in der Mitte des Kopfes und ist leicht bogenförmig, da die Grundform des Kopfes einem Ei gleicht. Augenbrauen- und Nasenlinie unterteilen den Kopf in drei gleiche Teile (je nach den Proportionen des Modells). Diese Linien sind ebenfalls gebogen, weil sich der Kopf ja über uns befindet. Wegen der Abdrehung ist noch der Hinterkopf leicht sichtbar. Zum Anbringen von Augen, Nase, Mund und Ohren sind diese drei Hilfslinien von großer Wichtigkeit, wie weitere Beispiele zeigen werden.

*2* Dieser Kopf befindet sich auf gleicher Höhe mit unserer Augenlinie. Das vereinfacht das Zeichnen, weil die Hilfslinien von Augenbrauen und Nase nicht mehr rund, sondern gerade gezeichnet werden. Ebenso gerade wird die Mittellinie, da sich dieser Kopf weder nach rechts noch nach links dreht. Beide Seiten sind somit zu gleichen Teilen sichtbar. Im oberen Drittel befinden sich die Haare, im mittleren Augen und Nase, im unteren der Mund. Da der Kopf geradeaus schaut, ist der Hinterkopf nicht sichtbar.

*3* Hier handelt es sich um eine Ansicht im Profil. Läge der Kopf auf Augenhöhe, könnten die Hilfslinien von Augenbrauen und Nase waagrecht gezeichnet werden. Nachdem er aber unter uns liegt, ist der Drittelsbogen nach unten gewölbt. Die Ohren befinden sich meist zwischen Augen- und Nasenlinie. Weil man von oben auf

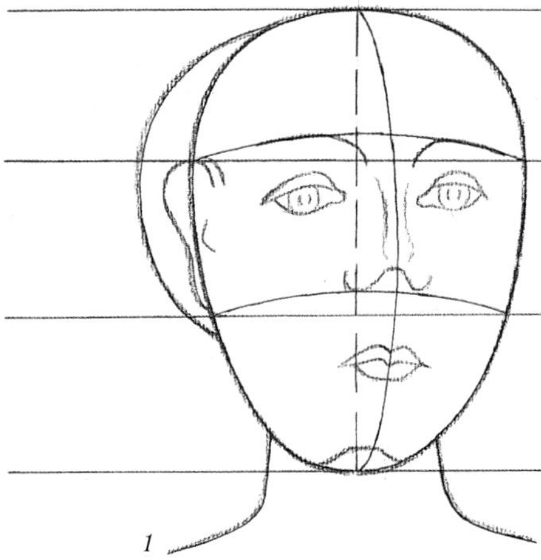

*1*

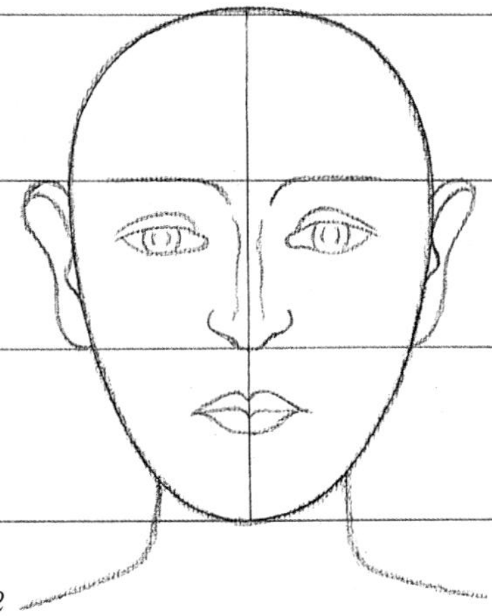

*2*

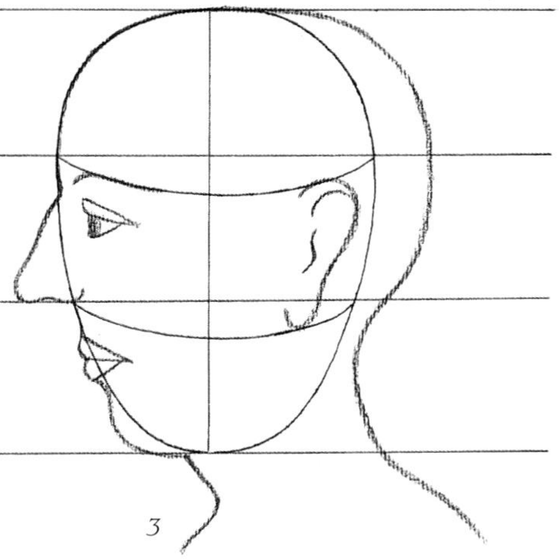

*3*

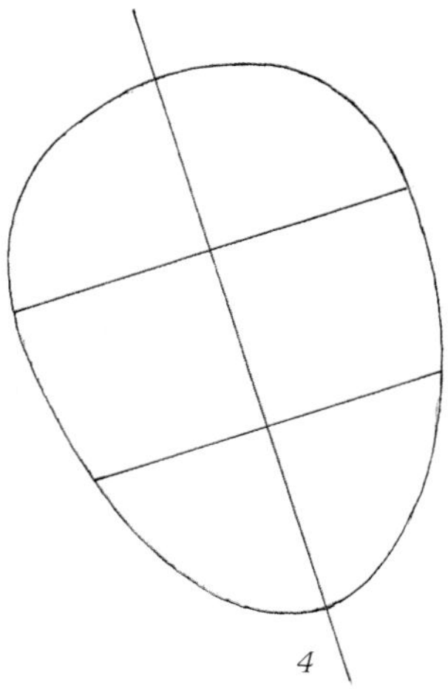

4

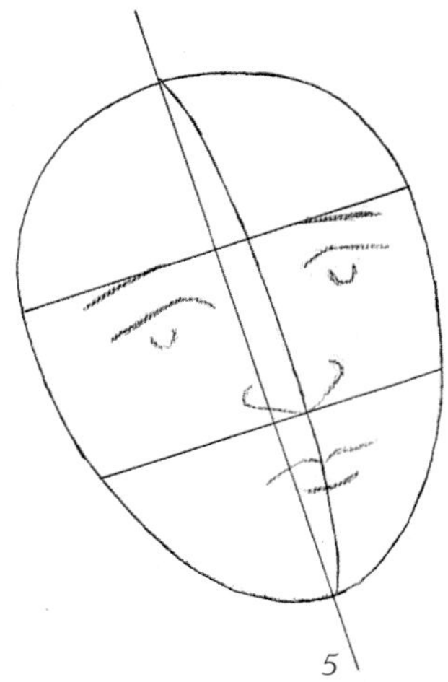

5

6

den Kopf blickt, wird die obere Hälfte mehr sichtbar, die mittlere und untere Hälfte wirken etwas verkleinert. In der Profilansicht wird der Hinterkopf voll sichtbar. Die Halslinie verhält sich ebenfalls anders als bei der Ansicht von vorn.

Beim Zeichnen des abgebildeten Porträts mit Holzkohle ist eine Veränderung gegenüber den drei vorangehenden Beispielen zu beachten: Die Person hält den Kopf nicht gerade, sondern neigt ihn leicht nach links. Dem ist von Anfang an Rechnung zu tragen.

*4* Zuerst zeichnen Sie die Richtung der Mittellinie. Auch die Kopfform zeichnen Sie zu Beginn. In diesem Fall dient uns wieder die Ei-Form. Beide Gesichtshälften sind nicht in gleichem Umfang sichtbar, deshalb zeichnen Sie die Mittellinie leicht nach rechts gebogen. Wären beide Gesichtshälften gleich groß, könnte eine gerade Linie gezogen werden wie in Bild 2.

*5* Die Drittel des Kopfes werden eingeteilt, die von der obersten Schädellinie bis zu den Augenbrauen, von den Augenbrauen bis zur Nasenspitze und von der Nase bis zum Kinn reichen. Bei diesen Dritteln handelt es sich um das Idealschema. Es kann durchaus sein, daß die zu zeichnende Person andere Proportionen aufweist. In unserem Beispiel ist die Kinnpartie ein wenig kürzer als die übrigen beiden Proportionen. Anhand der Dreiteilung können Sie aber die Proportionen besser messen und abklären. Ein älterer Mensch kann vielleicht ein sehr kleines oder großes unteres Gesichtsdrittel aufweisen. Andernfalls ist vielleicht die Nasenpartie außergewöhnlich groß, oder auch die Stirn. Kleinkinder haben in der Regel eine viel größere Stirnpartie, da sich Mund, Nase und Kinn erst mit der Zeit voll entwickeln. In einfachen Linien zeichnen wir die Position von Augenbrauen, Augen, Nase und Mund ein.

*6* Jetzt zeichnen Sie Augen, Nase, Mund und Ohren detailliert ein. Beim erwachsenen Menschen befinden sich die Augen etwa in der Mitte des Gesichts, die Augenbrauen auf der Linie des ersten Drittels. Je nach Person liegt auch der Mund höher oder tiefer, ist größer oder kleiner. Die Ohren befinden sich im zweiten Drittel. Das Haar übersteigt natürlich die Schädeldecke, bei größeren Frisuren kann diese beträchtlich höher sein als unsere Grundform.

# *Vorzeichnen mit Holzkohle und Strichtechnik*

*7* Beim Vorzeichnen des Aquarells mit Holzkohle (siehe S. 38 – 41) deuten Sie ohne zu schattieren nur die nötigsten Linien an. Auch die Umgebung wird lediglich mit einigen Strichen angedeutet. Mit Knetgummi oder Lappen können Sie die überflüssigen Linien wegwischen. Über die fixierte Kohlezeichnung tragen Sie nun in Strichtechnik die hellsten warmen Töne ein. Weiße Stellen in der Fläche stehenlassen; sie sind ein wichtiger Bestandteil des Aquarells. Versuchen Sie in großen Linien zu malen.

*8* Nun ergänzen Sie alle dunklen Farben: Grau-Brauntöne sowie Blau und Grün. Das intensivste Grün ist Chromoxydgrün. Dieses Grün wurde hier in den Kleiderpartien verwendet, teilweise mit Kobaltgrün vermischt.

*Porträt meiner Mutter*

*7* *8*

# *Augen, Nase, Ohren, Mund*

Das Zeichnen dieser wichtigen Kopfpartien kann kompliziert, aber auch einfach angegangen werden. Mit diesen Beispielen zeige ich Ihnen, worauf es ankommt, und wie mit wenigen Linien das Wesentliche gezeichnet werden kann.

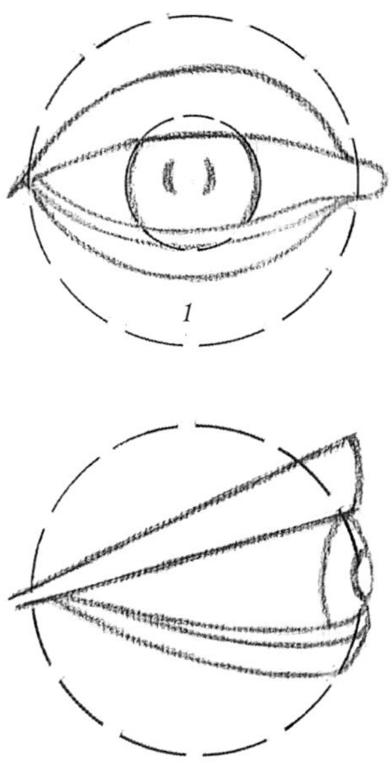

1

*1* Was wir vom Auge sehen, ist ein kleiner Teil der ganzen Kugel. Achten Sie zunächst darauf, wie stark das Auge geöffnet ist, d. h. wie weit das Augenlid die Linse überschneidet. Unteres und oberes Augenlid sind meist nicht gleich groß; der Nase zu sind sie abgerundet, auf der anderen Seite überschneiden sie sich leicht. Zeichnen Sie nun zuerst den Kreis der Augenlinse, und erst dann die Augenlider. Beim unteren Augenlid ist die Dicke der Haut mit einer zusätzlichen Linie anzudeuten. Von der Seite gesehen bildet das Auge ein spitzes Dreieck, in das sich leicht Linse und Lid einzeichnen lassen. Achten Sie darauf, daß sich besonders das untere Augenlid bogenförmig um das Auge zieht. Wimpern wenn nötig erst am Schluß einzeichnen.

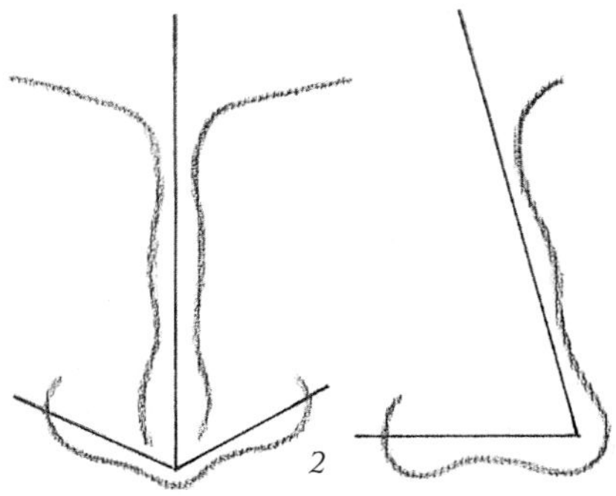

2

*2* Die Nase – von vorn gesehen – bildet eine senkrechte Mittellinie mit zwei leicht geschwungenen Linien zum Andeuten der Nasenflügel. Ist die Nase von oben sichtbar, steigen die Linien der Nasenflügel steil an. Befindet sich die Nase über uns, sehen Sie eine Dreiecksform mit den Nasenlöchern. Bei unserem Beispiel befinden wir uns auf Augenhöhe. Beachten Sie auch, daß der Nasenrücken als kleine Fläche sichtbar wird, egal, ob es sich um eine schmale oder breite Nase handelt.

Von der Seite gesehen zeichnen Sie die Richtung der Nase wiederum zuerst in einer geraden Linie, die zweite Linie gilt dem Nasenflügel. Erst anschließend beobachten Sie die Wölbung der Nase, Größe und Form des Nasenflügels. Die hier abgebildete waagrechte Linie verändert sich; je nachdem, ob wir uns über oder unter Augenhöhe befinden.

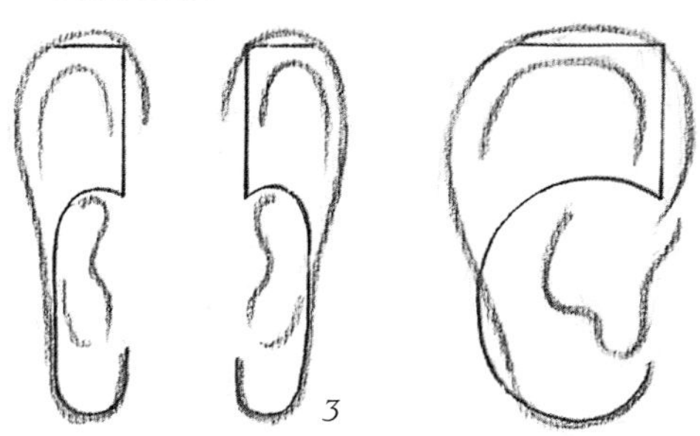

3

*3* Die Form des Ohres entwickeln Sie am schnellsten aus der Zahl 5 (linkes Ohr: 5 seitenverkehrt zeichnen!). Von vorn gesehen ist die 5 stark verkürzt. Es gibt ausgesprochen große oder kleine Ohren, was zu beachten und deutlich wiederzugeben ist. Die Ohrform kann also sehr variieren.

*4* Für einen von vorn gesehenen Mund gibt es drei grundsätzliche Variationen:
a) die Oberlippe ist bedeutend größer als die Unterlippe,
b) die Unterlippe ist breiter als die Oberlippe,
c) Ober- und Unterlippe sind etwa gleich groß.

Achten Sie auch auf die Form des Mundes: Bei einem leicht lachenden Mund ziehen sich die Mundwinkel etwas nach oben. Es entsteht ein Halbkreis, der nach oben geöffnet ist (siehe Aquarell S. 90).

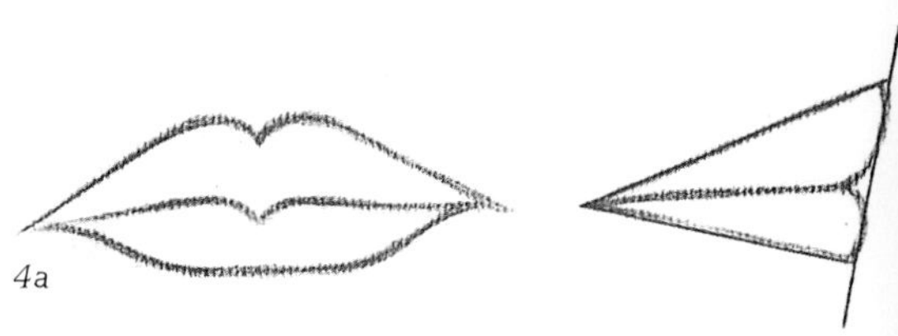

4a

Beim weinenden oder unzufriedenen Mund neigen sich die Mundwinkel nach unten. Der Halbkreis bewegt sich nach unten (siehe Zeichnung S. 92). Beim neutralen Gesichtsausdruck liegen Mundekken und Mitte auf gleicher Ebene, wie in unserem Beispiel.

4b

Von der Seite gesehen zeichnen Sie zuerst die beiden Schenkel eines spitzen Dreiecks. Je nach Beschaffenheit ragt die Oberlippe weiter nach vorn als die Unterlippe, oder umgekehrt. Die vertikale Linie kann sich entsprechend verändern.

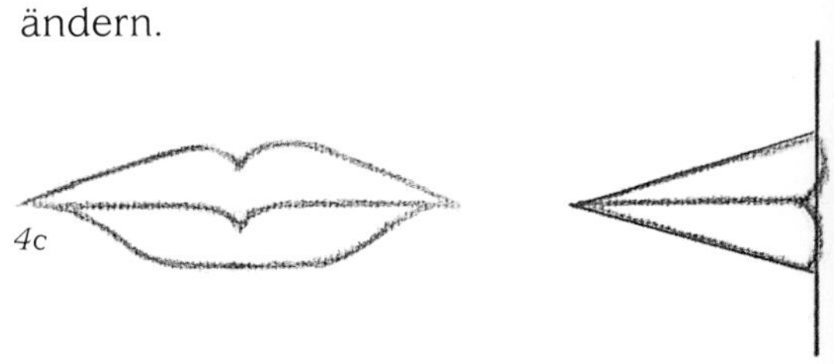

4c

# Übermalte Bleistiftzeichnung und Lasurtechnik

Porträts älterer Menschen sind deshalb besonders interessant, weil der durch das Leben geformte Charakter dem Menschen einen besonderen Ausdruck verleiht. Übermalte Bleistiftzeichnungen sind nur dann erfolgreich, wenn das Papier zum Übermalen mit Aquarellfarben noch die nötige Saugkraft besitzt. Wird – wie im vorliegenden Beispiel – lange gezeichnet, verliert das Papier seine Saugfähigkeit wegen der Graphitschicht, die durch die Schraffur das Blatt bedeckt. Die Folge davon ist, daß das Wasser perlt. In diesem Fall ist nur ein Schicht-um-Schicht-Malen, also Lasurtechnik, möglich.

*1* Beim Zeichnen dieses Kopfes wird zuerst die schräge Mittellinie für die Neigung angedeutet (siehe S. 89). Die Eiform wirkt unten eher flach, die Backenpartien sind teilweise eckig. Durch die Rückwärtslage wird die Nasenuntersicht durch eine Dreieckform angedeutet. Die Kinnpartie ist stark verkürzt, aber der Hals wirkt breit. Als Schattierung dient die Schrägschraffur, welche konsequent von oben bis unten durchgezogen wurde.

*2* Mit Gelb und Ocker bearbeiten Sie durch mehrmaligen dünnen Auftrag die Lichtpartien. Rote und braune Partien können ebenfalls mit Gelb untermalt werden. Lassen Sie den Untergrund vor dem neuen Farbauftrag gut antrocknen. Dank der feinen Farbpartikel und dem entsprechenden Bindemittel scheinen die untersten Farbschichten durch die übrigen Farben hindurch. Die blaue Farbe (Coelinblau) wird ebenfalls nur dünn aufgetragen und nötigenfalls nach dem Trocknen wiederholt verwendet.

Grundsätzlich ist das Überarbeiten einer Zeichnung (Bleistift, Tusche, Kohle etc.) nur dann sinnvoll, wenn die Zeichnung noch erhalten bleibt und die Farbe auf keinen Fall dominierend wirkt. Es kann mit jeder Farbe lasiert werden, wenn die notwendigen Bindemittel als Voraussetzung für das Gelingen vorhanden sind. Falls die Farbe perlt und sich nicht vermischen läßt, wird sie wieder entfernt, indem man den Pinsel auswäscht, auf dem Lappen trocknet und so die Farbe aufsaugen kann. Die Schattenpartien im Gesicht des abgebildeten »Clochards« können zum Schluß ebenfalls mit Blautönen laviert werden. Bei einer lavierten Zeichnung sollten gleichfalls unbemalte Stellen des Papiers erhalten bleiben.

*1* *Clochard in Paris*

*2*

# *Der Körper des Menschen*

## *Flächenskizze der Bewegung und Pinselzeichnung*

Oft wird die Freude, einen Menschen zu malen, von Hemmungen gebremst. In der Tat stören uns Bewegungs- oder Proportionsfehler mehr als bei Tier oder Pflanze, weil wir selbst Menschen sind und deshalb das Auge kritischer eingestellt ist. Andererseits fühlt man sich unsicher, wie man mit dem Pinsel ein derartiges Vorhaben angehen soll.

*1* Sie verwenden – wie auf S. 86/87 beschrieben – den großen Aquarellpinsel zum Andeuten der Bewegung. Nun mischen Sie einen rötlichen hellen Ockerton (gelber Ocker, wenig Kadmiumrot) und versuchen, in einem Strich von Kopf bis Fuß die Bewegung zu untermalen. Es spielt dabei keine Rolle, ob Sie Fehler begehen; die Untermalung darf ruhig über die Figur hinauslaufen. Hilfreich für die Proportion ist die Körpermitte, welche sich beim Geschlecht befindet. Wenn Sie diese Grundregel beachten, entstehen keine zu kurzen oder zu langen Beine. Beim ausgewachsenen, aufrecht stehenden Menschen besteht der Körper aus 8 Kopflängen, bis zum Geschlecht sollte die Kopfgröße also viermal vorkommen. Arbeiten Sie spontan und ohne Angst; Sie haben Gelegenheit, mit der zweiten Farbe Fehler zu korrigieren.

*2* Aus derselben Farbe heraus, jedoch in wesentlich dunklerem Ton, mischen Sie mit dem großen Pinsel das Braun für die Zeichnung. Beginnen Sie mit dem feinen Haarpinsel und möglichst dünnem Strich; so können Sie auffällige Fehler korrigieren. Lassen Sie falsche Striche ruhig stehen – statt dessen setzen Sie nochmals an. Wir beginnen beim Kopf und suchen die Hauptlinien des Körpers, wie nachfolgend dargestellt. Die Richtung der Schultern und des Beckens sind genau zu beobachten, ebenso aufschlußreich ist die Mittellinie des Körpers, am besten der Wirbelsäule, falls diese sichtbar wird. Zum Schluß deuten Sie mit dickem Haarpinsel den Akzent an, diesmal die Haare.
Bei diesen Übungen empfehle ich Ihnen, auf separatem, billigem Skizzenblock möglichst viele Zeichnungen herzustellen, denn gerade beim Aktzeichnen kann das Üben große Fortschritte einleiten.

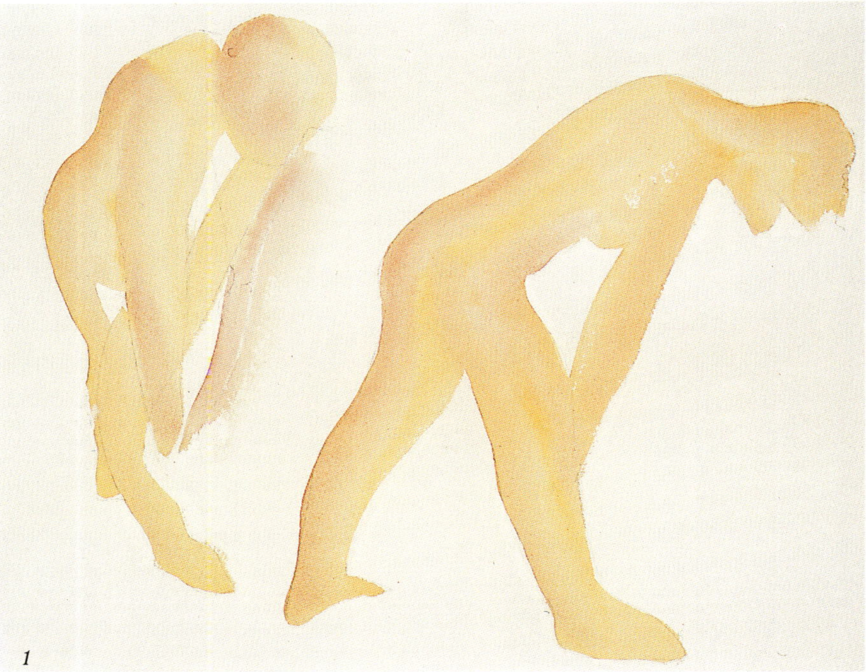

*1*

*2*

# *Skizzieren des Skeletts als Grundgerüst einer Bewegung*

Ein sicheres Hilfsmittel um den Menschen zu zeichnen, ist der Aufbau mit dem Skelett. Diese Methode ist nicht nur mit Erfolg anwendbar bei Schnellskizzen, sondern sie kann Ihnen auch helfen, eine Figur aufzubauen, wenn kein Modell vorhanden ist. Auch für bekleidete Figuren ist die Methode hilfreich.

*1* Die tragende Linie jeder Bewegung des Menschen ist die Wirbelsäule. Ist diese nicht sichtbar – wie bei unserer Stellung – zeichnen wir die Bauchmitte mit einer Linie ein. Anschließend zeichnen Sie die Richtung des Kopfes, die Schultern, das Becken sowie Arme und Beine. Mit jeweils einer Linie entsteht in kürzester Zeit die Gesamtbewegung. Würden wir uns mit den Außenlinien beschäftigen, wären bei falschem Eintrag zwei Linien und mehr zu korrigieren. Stimmt die Linie nicht ganz, lassen Sie sie stehen und ergänzen die Bewegung durch eine neue und bessere.

*2* Wie auf der vorangehenden Seite erläutert, ist die Mitte des Menschen beim Geschlecht zu finden. Nach Prüfung, ob beide Körperhälften des Modells gleich lang sind (Oberkörper/Beinpartie) ergänzen Sie möglichst mit einer Linie Arme, Körper und Beine. Stimmt ein Muskel nicht ganz, stört das wenig; Sie haben am Ende Gelegenheit, dies zu vervollständigen. Auch Hände, Füße und Haare werden in wenigen Strichen angedeutet. Daß die Körperlinien möglichst in einem Fluß von oben bis unten gezeichnet werden sollten, hat seinen Grund darin, daß Sie für die Darstellung einer Bewegung keine andere Wahl haben, als flüssig und schnell zu zeichnen.

*3* Jetzt ergänzen Sie die einzelnen Körperteile mit einer zweiten Linie (Muskeln etc.). Je nach Zeit können Sie noch Einzelheiten hinzufügen – sofern Grundbewegungen und Hauptproportionen stimmen. Es gibt keine unglücklichere Situation beim Zeichnen, als wenn alle Einzelheiten eingezeichnet wurden und die Grundproportionen oder die Bewegung nicht stimmen. Im umgekehrten Fall ist das Korrigieren viel einfacher.

*1*

*2*

*3*

*4* Wird eine Bewegung mit mehreren Farben gemalt, gehen Sie ähnlich vor wie auf S. 94. Selbstverständlich können Sie bei Unsicherheiten zuerst eine Bleistiftzeichnung anlegen, schneller und wirksamer ist es jedoch, wenn Sie versuchen, mit hellem Rosaton und großem Pinsel ohne Vorzeichnung die Grundbewegung direkt aufs Blatt zu bringen. Den Grund untermalen Sie ebenfalls mit Rosa. Alle hellen Partien werden zuerst erstellt. Nach dem Antrocknen bearbeiten Sie den dunkleren Hintergrund in Strich- und Verlaufstechnik, wobei die Striche ruhig ineinanderfließen dürfen.

Wollen Sie, daß der helle Körper sich deutlich abzeichnet, muß nicht nur dunkel genug im Hintergrund gearbeitet werden, sondern es ist auch wichtig, daß eine scharfe Begrenzung zwischen Körper und Hintergrund entsteht. Diese gelingt nur dann, wenn die untere Farbschicht gut angetrocknet ist.

Zum Schluß ergänzen Sie die Zeichnung mit dem dünnen Haarpinsel abwechselnd in Rot und Blau.

*4*

*Aktstudie*

# *Schnellskizze mit Bleistift und Lasur*

Das Lasieren einer stark beanspruchten und schattierten Bleistiftzeichnung bereitet einige Mühe, Schnellskizzen schaffen jedoch ideale Bedingungen dafür. Die echten Lasurpinsel sind flach, mit feinem Haar, damit eine größere Fläche gleich verteilte Farbe aufnehmen kann. Beim Lasieren mit dem Aquarellpinsel kann es vorkommen, daß der Farbauftrag unregelmäßig wird, was jedoch bei einer Schnellskizze nicht stört.

Ist wenig Zeit vorhanden, wie bei dieser Brunnenfigur, so werden die Farben in einem Zug angedeutet, aber immer dünnflüssig, mit Rücksicht auf die Bleistiftzeichnung. Hat man wenig oder keine Zeit, das Wasser zu wechseln, wird zuerst wieder mit Gelb, Rot und anschließend mit Blau und Grau gearbeitet. Da das Wasser mit den dunklen Farben schneller schmutzig wird als mit den hellen, ist dieser Vorgang angebracht. Vielfach arbeitet man bei Skizzen auch auf minderwertigem Makulatur- oder Schreibpapier, das sich durchaus eignet, jedoch die Farben – wie oben erwähnt – nicht gut verteilt. Solche lasierten Schnellskizzen sind eine Bereicherung; nicht nur als Andenken, sondern sie können auch manche Anregung zum Erstellen von Bildern zu Hause geben.

In der Fachsprache spricht man bei einer mit Aquarell überarbeiteten Zeichnung von einer *lavierten Zeichnung.*

*Brunnenfigur am Rathausbrunnen in Bern*

# *Tänzerinnen – Lasieren einer Kohlezeichnung*

Lasiert wurde bereits in vorchristlicher Zeit, aber auch auf Ikonen und späteren Tafelbildern. Auf Holztafeln wurde dünnflüssige Temperafarbe schichtweise aufgetragen, wobei Ei als Bindemittel die Transparenz erzeugte. Später wurde auch in der Ölmalerei lasiert, der Hauptgrund war der enorme Preis, der für eine gute Farbe bezahlt werden mußte; so wurde dünn Schicht um Schicht gemalt. Gehilfen mußten in Malateliers stundenlang Farbe anreiben, damit diese möglichst feinkörnig aufgetragen werden konnte.

*1*

Das dünne Übermalen eignet sich also für sämtliche Techniken, wenn die entsprechende Farbe für den betreffenden Grund gefunden werden kann.

*1* Bei Kohleskizzen lassen Sie den Stift laufen, falsche Striche ergänzen Sie lieber als diese wegzuwischen. Sie fixieren die Kohle lieber zwei- bis dreimal schwach als einmal zuviel. Bei Kohlezeichnungen ist es sehr wichtig, daß diese ohne fetthaltige Fixative gut fixiert werden. Alle fetthaltigen Sprays, Schlußfirnisse, Fotosprays etc., die im Handel angepriesen werden, eignen sich nicht zum Lasieren mit Wasserfarbe. Mit geeigneten Fixativen muß die Zeichnung also sorgfältig fixiert werden; Ansammlungen von Fixiermittel sind zu vermeiden.

*2* Die Kohlezeichnung ist sicher nicht immer die geeignete Technik zum Lasieren. Die Striche sind härter als Bleistiftlinien, aber beim Übermalen auch länger sichtbar. Deshalb können Sie mit kräftigem, breitem Pinselstrich kühn über die Zeichnung malen! Vermeiden Sie aber das sogenannte »Ausmalen« einer Zeichnung. Lassen Sie die Farben teilweise ineinanderlaufen und arbeiten Sie über die Linien hinaus. Als Farbton wählen wir zwei Komplementärfarben, hier Gelb und Violett (siehe S. 27). Zuerst arbeiten Sie mit Gelb, lassen aber wieder helle Papierstellen stehen. Wenn Sie mit Violett beginnen, waschen Sie den Pinsel vorher gut aus, denn Gelb verschmutzt gerne die violette Farbe. Die hellsten Töne auch hier zuerst anlegen, dann trocknen lassen und dunklere Farbe zum Schluß anwenden. Sie können mit Kobaltblau teilweise ergänzen; damit – oder auch mit Ultramarinblau – erreichen Sie zusammen mit Karminrot oder Krapplack die violetten Töne.

2

*Tänzerinnen*

# Vereinfachen

## Komposition mit Aktmodell – Flächiges Arbeiten

Das Vereinfachen der Gegenstände in der Darstellung kann nicht genügend geübt werden. Vereinfachte Landschaften, Pflanzen, Blumen und Tiere sind viel ausdrucksvoller als detaillierte Wiedergaben, die einen Gesamtausdruck unmöglich machen. Selbst der Mensch kann derart vereinfacht werden, daß Formen eine weitaus wichtigere Aussagekraft bekommen als die Figur an sich.

Mit dem Aufkommen der zweidimensionalen (flächenhaften) Arbeiten in Europa anfangs des 20. Jahrhunderts wurde solchen Darstellungen des menschlichen Körpers erneut große Aufmerksamkeit geschenkt. Mit meinen Beispielen möchte ich Ihnen einen Einblick in den Ablauf einer solchen Darstellungsweise geben.

*1* Bei dieser Aktzeichnung mit Bleistift werden Mensch und Hintergrund gleichwertig in eine Komposition mit einbezogen. Der Hintergrund ist nicht mehr bloß hintergründig, sondern mit den Linien des Vordergrunds (Figur) gleichwertig. Waagrechte und senkrechte Linien dominieren. Auch in die Körperteile der Figur werden gerade Linien eingebaut (Hals, Rücken, Arme, Oberschenkel, Gesicht, Haare etc.), welche abwechslungsweise durch wenige runde Formen abgelöst werden. Sie können mit jeder Zeichnung solche Kompositionen herstellen; das wichtigste dabei ist, daß innerhalb der Linien und Formen Spannung entsteht. Dies geschieht besonders durch ungleiche Zwischenräume bei den Linien.

*2* In diesem Bild werden keine Verläufe angestrebt. Sie müssen versuchen, anhand der ersten Zeichnung eine noch vereinfachtere Darstellung zu erzielen. Diese Formen werden nun zu Flächen, wobei möglichst verschiedenartige Grautöne erreicht werden sollen. Arbeiten Sie mit Schwarz, nötigenfalls auch mit Weiß. Der Bildausschnitt wird nun absichtlich verkleinert, damit die Körperpartien und der Hintergrund zu Flächen werden können, die in der Gesamtkomposition eine Aussagekraft haben – und zwar allein durch Größe, Helligkeit oder Dunkelheit. Es ist deshalb sehr wichtig, daß Sie bald einmal die dunkelsten Felder gegeneinander abwägen; die helleren Grautöne richten sich nach den Dunkelheiten. Dies ist bei jeder Schattierung ein Prinzip. Durch mehrmalige Versuche gestalten Sie die dreidimensionale Figur zu einem flächenhaften Gebilde – ähnlich einem Stoffmuster – um. Die Feinheiten und Nuancierungen innerhalb des Bildes werden Ihre Arbeit zu einer wertvollen Komposition machen, die faszinieren kann. Allein der Versuch, sich mit Grautönen auseinanderzusetzen, lohnt sich. Schließlich sollte bei jedem Aquarell angestrebt werden, die einzelnen Farben in möglichst verschiedene Helligkeitswerte zu bringen.

*Komposition mit Frauenakt*

*1*

*2*

# *Abstrahieren – die Grundformen der Malerei*

1
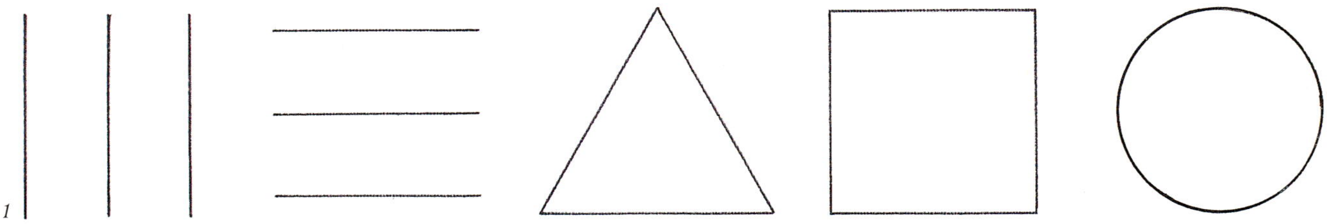

2
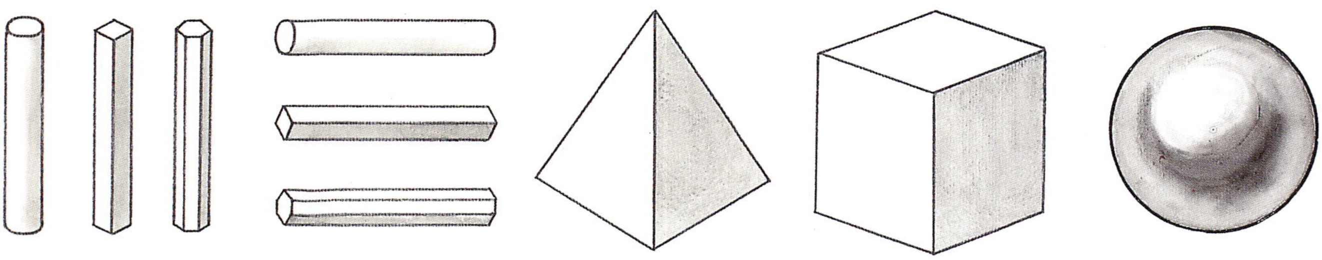

Beim Vereinfachen stoßen wir unweigerlich auf die Grundformen in der Malerei. Das Erarbeiten und Erlernen dieser Formen bietet gewaltige Vorteile, sei es für die eigene Bildkomposition oder das Bewältigen von Details in einer Zeichnung. Ob Sie nun lieber flächig oder räumlich arbeiten: Die Grundformen können immer angewandt werden.

*1* In der flächigen Darstellung werden senkrechte und waagrechte Strukturen oder Gegenstände zu Linien. In einem Berg entdecken wir plötzlich Dreiecksformen, in Feldern oder Häusern Rechtecke, Quadrate oder Vielecke, und in runden Formen sehen wir den Kreis bis hin zur Ellipse.

*2* In räumlichen Darstellungen wird die gerade Linie zur zylindrischen Form mit Licht und Schatten. Das Dreieck wird zum Tetraeder (zur Dreieckspyramide), das Quadrat zum Würfel, der Kreis zur Kugel.

3

*3* Mit Holzkohle versuchen Sie nun, Ihr Motiv – hier die Pinienstämme – zu vereinfachen, d. h. aus einzelnen Stämmen wird ein ganzes Bild in rhythmischen Bewegungen. Das Gelände wird in Grundformen eingeteilt, der Fels wird mit runden oder geraden Linien angedeutet. Es entstehen dabei Dreiecks- und Rechtecksformen, selbst das Meer rechts wird zum Dreieck.

Möchten Sie ein räumliches Bild erstellen, schattieren Sie die Formen. Sie achten auf die dunklen Akzente, hellen Formen und Zwischentöne. Dabei behalten Sie den Ausdruck der Gesamtkonzeption im Auge und verzichten ihr zuliebe auf Einzelheiten.

*4* Vor dem Malen zeichnen Sie entweder mit Bleistift oder Kohle die gleiche Komposition nochmals, versuchen wieder zu vereinfachen und konzentrieren sich ganz auf das Zusammenspiel der einzelnen Formen. Ich habe mit Bleistift vorgezeichnet, da die Linien nach dem Malen verschwunden sein sollten. Wenn Sie eine Kohlezeichnung anfertigen, werden die Linien sichtbar bleiben. Und Sie wissen ja: Die Kohlezeichnung muß vor dem Malen fixiert werden!

In verlaufender Technik behandeln Sie mit einer Farbe (Indigo oder Preußischblau) die einzelnen Flächen. Die hellsten Stellen werden ausgespart, die dunkelsten angedeutet. Ich ziehe hier den schichtweisen Bildaufbau vor, d.h. ich erziele mit mehreren Farbaufträgen die dunkelsten Stellen. Das hat den Vorteil, daß nach und nach entschieden werden kann, wo die dunkelsten Akzente zu liegen kommen und wie stark diese sein müssen. Vielerlei Zwischentöne zu erzielen, ist bei dieser Malweise eine Grundbedingung. Wird genügend variiert, erübrigt sich am Schluß die Pinselzeichnung.

*Pinienstämme am Mittelmeer*

*4*

# Nachtbilder

## Arbeiten auf Löschpapier

Nachtbilder werden selten gemalt, obschon gerade sie einen großen Reiz ausüben. Wer in der Nacht malt, direkt nach der Natur, sieht sich plötzlich mit veränderten Gegebenheiten konfrontiert: Die sonst übliche Lichtquelle fällt aus – Sie müssen eine Taschenlampe benutzen. Auch werden Sie feststellen, daß die Farben schlecht trocknen. Ich empfehle Ihnen deshalb, so recht nach dem Gefühl zu arbeiten und nur ab und zu das Blatt zu befeuchten. Sie können aber auch – statt Aquarellpapier – Löschpapier als Malgrund verwenden, das die Farbe sofort aufsaugt. So kann ohne Warten flüssig und in mehreren Schichten gearbeitet werden.

Bei den Nachtbildern ist die Wirkung der Hell-Dunkel-Kontraste sehr extrem. Die Lichter sind sehr hell und brechen stark aus der Dunkelheit heraus. So liegt es auf der Hand, daß zuerst alle Lichter gemalt werden, und zwar in sehr verschiedenen Farben: vom hellen Gelb über Ocker, Orange, Rot, Grün und Blau. Als Gesamteindruck dominiert Schwarz. In diesem Fall muß damit keine Zurückhaltung geübt werden. Wir haben ja festgestellt, daß Schwarz in Verbindung mit anderen Farben im allgemeinen zu hart wirkt und gebrochen werden muß. Hier findet nun diese Regel ihre Ausnahme, und es darf mit reichlich Schwarz gearbeitet werden.

Malen Sie in Strichtechnik und setzen Sie ab und zu einige Farbtupfer ein. Bald werden Sie feststellen, daß auch hier das Bild an Farbenreichtum gewinnt, wenn Sie vor dem dunkelsten, reinen Schwarz mit Schwarzbraun, Schwarzgrün und Schwarzblau untermalen. Helle Partien gehören auch in die Komposition wie die helle Mauer des Hauses im Vordergrund zeigt.

Durch das ständige Übermalen sättigt sich auch das Löschpapier mit Wasser, und es können verlaufende Stellen auftreten, wie hier im Hinter- und Vordergrund sichtbar. Es schadet nicht, wenn Sie nicht für jeden Pinselstrich auf das Papier schauen können – gerade diese Situation hilft zum Üben des lockeren und befreiten Malens mit.

*Waadtländerhaus*

# Nachtskizze in Strichtechnik

Die Umstände der Nachtmalerei zwingen Sie lediglich zu schnellen Farbskizzen. Auch diese Schnellskizzen können reizvoll sein. Es ist eine bekannte Tatsache, daß auf kleinem Format ein einheitlicher Farbausdruck besser gelingt als auf größerem; erstens sind wir mit weniger Aufwand schneller am Ziel, und zweitens arbeitet man im allgemeinen mutiger und ungehemmter.

Dieser Dächerausschnitt wurde auf Zeitungsmakulatur in der Größe von 7 x 16 cm gemalt. Unter mehreren Versuchen habe ich die beste Skizze schließlich aufbewahrt. Mit mehreren gleichen Strichlagen entstanden auch große Flächen, wobei einzelne Striche nur da betont wurden, wo die entsprechende Dachstruktur zu sehen war.

Die Pariser Dächergruppe entstand bei Einbruch der Nacht. Die Dämmerung verbreitete einen Blauklang. Schwarz habe ich lediglich zum Mischen der Farben benutzt. Bei dieser Übung sehen Sie auch, wie viele Farbnuancen mit relativ wenig Farben entstehen können. Das Bild malen Sie in vier Farben, nämlich Ockergelb, Kadmiumrot, Ultramarinblau und Rebschwarz. Durch konsequente Beibehaltung der horizontalen und vertikalen Strichlagen entstand eine ruhige Komposition.

*Dächer in Paris*

Ungewollt dominieren hier die Komplementärfarben Blau und Gelborange (siehe S. 27). Dieses Beispiel zeigt Ihnen, wie die Strichtechnik auch zu einer ruhigen Komposition führen kann, wenn die Farbe flüssig und mehrmals aufgetragen wird.

# Wachstechnik

## Gewitterlandschaft – Vorzeichnen mit Ölkreide und Wachskerze

Wird Naß in Naß gemalt, zerfließt die Farbe sehr schnell, was zur Folge hat, daß auch die weißen Stellen verlorengehen. Dem können Sie vorbeugen, indem Sie mit Wachs oder fetthaltigem Material die weißen Stellen abdecken. Die Aquarellfarbe kann auf Wachs oder Fett nicht haften und wird mit dem Wasser verdrängt, so daß die eingezeichneten Stellen größtenteils weiß bleiben. Mit diesem Hilfsmittel können neue Wirkungen erzielt werden, die sich für feuchte Stimmungen und Wasserlandschaften besonders eignen.

Versuchen Sie auf separaten Skizzen verschiedene Stimmungen zu erreichen, indem Sie vorher mit einer weißen Ölkreide oder einer Wachskerze Striche untermalen. In diesem Beispiel wurde eine Ölkreide verwendet. Im Fachhandel ist auch ein spezieller Abdeckfilm erhältlich (siehe Materialtafel S. 11).

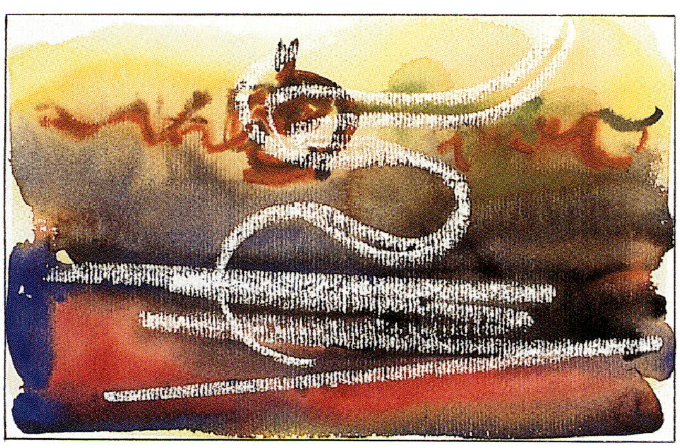

Um die Gewitterstimmung einer Flußlandschaft – von einem Hügel aus betrachtet – festzuhalten, ist schnelles und flüssiges Arbeiten erforderlich. Anstelle der üblichen Zeichnung arbeiten Sie mit einer Wachskerze, jedoch nur an den Stellen, die Sie weiß haben möchten. Wenn genügend Zeit vorhanden ist, können Sie auch mit Bleistift vorzeichnen und die Stellen, die weiß bleiben sollen, dann mit Wachs überarbeiten. Das Blatt wird erst jetzt angefeuchtet, also nach der Wachsbehandlung. Dies kann mit Pinsel oder Schwamm geschehen. Citrongelb und Ocker werden schnell nacheinander über die Fläche gemalt; besonders im Vordergrund, wo ja helle und warme Töne erwünscht sind. Die dunklen Gewitterwolken werden mit Karminrot untermalt. Durch das Überarbeiten mit Kobaltblau entstehen leichte Grüntöne im Vordergrund, und im Hintergrund werden violette Farben sichtbar.

Zum Schluß malen Sie mit Schwarz. Dank dem noch feuchten Untergrund vermischt sich die schwarze Farbe mit der Untermalung, und es entstehen interessante grauschwarze Töne, die nicht so hart wirken und sich mit dem hellen Vordergrund gut vertragen.

In der Malerei sind reines Gelb und reines Schwarz die härtesten Kontrastfarben. Ein Brechen dieser Kontraste ist stets von Vorteil. Vergleichen Sie auch den Unterschied zwischen Ölkreide (4 Skizzen) und Wachskerze.

*Gewitter auf dem Weissenstein, Jura*

# Rheinlandschaft – Naß-in-Naß-Technik mit Ausblühungen

Die Wachstechnik eignet sich besonders für helle Lichter, Himmelskörper, Spiegelungen im Wasser etc. Wachskerzen haben gegenüber den Ölkreiden den Vorteil, daß ihre Deckkraft weniger stark ist als die der Ölkreide. So können Sie auch feinere oder leicht verschwommene Lichter herstellen. Eine Mondlandschaft mit diffusem Licht kann daher besser mit Wachskerzen als mit Ölkreiden angelegt werden.
Die Naß-in-Naß-Technik erfordert unbedingt einen geleimten Malblock mit solidem Papier, damit sich der einzelne Bogen nicht schnell wellt. Dünnere Papiere werden mit dem Schwamm befeuchtet und einzeln auf ein Brett aufgezogen. Mit wasserlöslichen Klebestreifen werden die Blätter rundum befestigt. Beim Trocknen spannt sich der Bogen, was zur Folge hat, daß bei erneutem Befeuchten mit dem Pinsel das Papier nicht mehr so stark wellt. Je nach Zeit und Geduld beschaffen Sie sich also entweder einen Aquarellblock oder kleben das Blatt am Vortag oder einige Stunden vor der Arbeit auf.

*1* Nachdem Sie die Hauptlinien (Horizont, Flußbett, Position des Mondlichts) mit einigen dünnen Bleistiftlinien angedeutet haben, zeichnen Sie mit dünner weißer Wachskerze die zu erhellenden Stellen auf das Papier. Durch leichtes Befeuchten der ganzen Papierfläche schaffen Sie die Voraussetzung, daß die Farben genügend ineinander verlaufen. In die noch feuchte Fläche verteilen Sie zarte Gelbtöne (Citrongelb). Mit einigen Strichen (Ockergelb) deuten Sie die Bäume an. Sie lassen das Papier nun etwas antrocknen, arbeiten aber in dem noch feuchten Grund helle Kobalt- und Türkisblau ein. Die Bäume und die Spiegelung werden mit Ockergelb und Olivgrün angedeutet.

*1*

2

*2* Ohne das Blatt ganz trocknen zu lassen, malen Sie nun die Uferpartien mit stärkerem Kobaltblau und Türkis, und vergessen auch die Bäume und Wellen nicht. In die noch sehr feuchte Farbe geben Sie nun Schwarz. Je nach Feuchtigkeitsgrad entstehen an einigen Stellen sogenannte Ausblühungen, d. h. das Schwarz löst sich etwas auf und erzeugt eigene Formen. Nach Belieben können Sie weitere Zufallseffekte solcher Art anbringen. Aus der Überzeugung heraus, daß sich ein gutes Aquarell solcher Begleiterscheinungen bedienen kann, sie aber niemals dominieren lassen soll, habe ich nur wenige Stellen auf diese Art behandelt (schwarzgraue Partie rechts und links im Wasser).

*Rheinmühle, Büsingen*

# *Abklatschtechnik*

Auch das Experimentieren mit anderen Mitteln und Materialien kann förderlich sein. Dies wird aber nur dann weiterhelfen, wenn die Spielerei lediglich Mittel zum Zweck ist. Ich sehe darin neue Möglichkeiten, die das Malen mit dem Pinsel ergänzen; auf keinen Fall sollte das Malen mit dem Pinsel vernachlässigt werden – es gibt dafür keinen Ersatz.

Auf einen Malgrund tragen Sie in großen Flecken flüssige Aquarellfarbe auf (mit Becher oder Pinsel). In die noch feuchte Farbe pressen Sie ein weiteres Blatt, wobei zwei Malgründe entstehen, die man »Abklatsche« nennt.

Ursprünglich entstand der Abklatsch mit Ölfarbe auf einer Glasplatte (Monotypie). Es ist dies ein altes Druckverfahren, das vor Erfindung der Lithographie verwendet wurde.

Da Aquarellfarbe auf einer Glasplatte nicht haftet, streichen Sie die Farbe aufs Papier. An ein bestimmtes Vorgehen sind Sie dabei nicht gebunden. Zu viele Farben bringen nicht viel; es ist besser, wenn Sie sich auf einige wenige Farben beschränken. Im vorliegenden Fall habe ich lediglich mit Schwarz und Gelb gearbeitet. In das noch feuchte Papier geben Sie noch einige Farbspritzer und lassen diese verlaufen. Durch das Zusammenpressen der Papiere entstehen teilweise interessante Grautöne. Auch die einzelnen Ausblühungen werden verstärkt. Solche Untergründe können für bestimmte Motive sehr anregend wirken, wie Sie auf der folgenden Seite sehen werden.

# Spritztechnik

Auch Farbspritzer alleine können interessante Wirkungen erzeugen. Sie erinnern ein wenig an die Tupftechnik, wirken jedoch etwas befreiter. Mit dem Borstenpinsel gelingen die Spritzer besser als mit dem Aquarellpinsel. Selbstverständlich arbeiten Sie mit dieser Technik nicht in der guten Stube auf dem Teppich oder auf der Tischdecke. Entweder sollten Sie ins Freie gehen oder eine entsprechend große Unterlage auflegen (Packpapier, Zeitungen, Wachstuch etc.). Durch leichtes Schwingen mit dem Arm lassen Sie die in einem Becher vorher vorgemischte flüssige Aquarellfarbe auf den Malgrund tropfen.

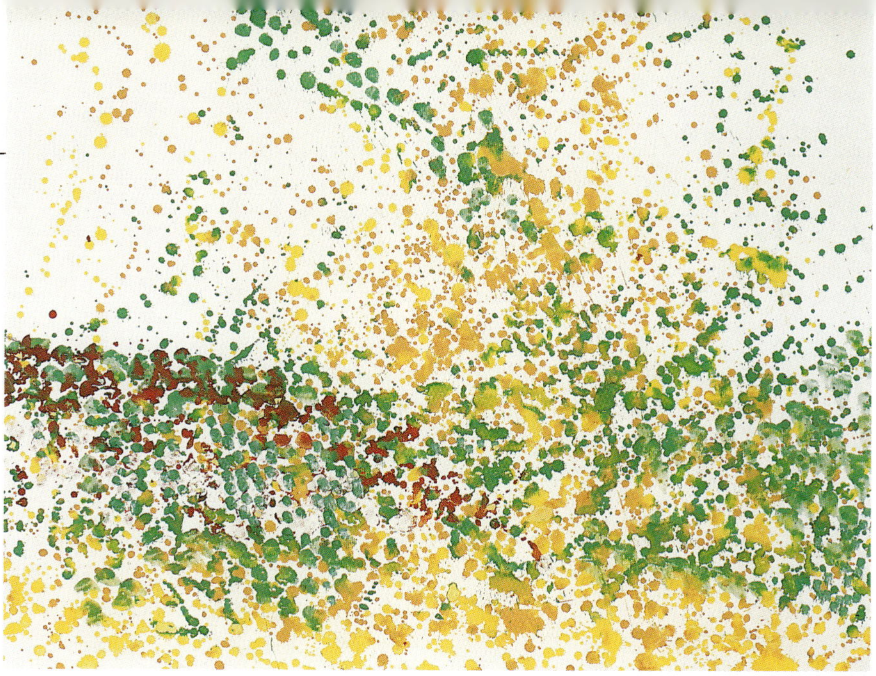

1

*1* Mit einem Borstenpinsel treiben Sie helle Farbspritzer auf die Papierfläche. Achten Sie darauf, daß es Konzentrationen einzelner Farbpartien gibt. Teils lassen Sie nun die Farben antrocknen, teils ineinander verlaufen. Sie beginnen mit Gelb (Citrongelb) und fahren fort mit Ocker und Grün (Veronesergrün). Anschließend verteilen Sie auch einige rotbraune Flecken. Lassen Sie Ihrem Gefühl freien Lauf, aber wählen Sie auch hier die hellen und warmen Farben zuerst. Den Grund gut trocknen lassen.

*2* Sicher wird Sie dieser lebendige Farbgrund zu einem Motiv inspirieren. Ich malte das Bild direkt vor der Natur und zeichnete dann mit der Spitze des großen Aquarellpinsels die Landschaft in verschiedenen Farben ein (Graublau, Braun, Grün und Blauschwarz). Auch hier werden Sie überrascht sein, wie sich einzelne Farbpartien in die Komposition einfügen, als wären sie bewußt so aufgetragen worden. Der Zufall spielt hier eine große Rolle, besonders beim weiteren Übermalen.

Am besten zeichnen oder tupfen Sie nur das Allernotwendigste auf. Das spannungsvolle Aufteilen der Bildfläche durch Berge, Hügel und Täler ist nützlich. Teilen Sie das Blatt nicht in gleiche Hälften! Im Beispiel dominiert die Bergpartie, die linke und rechte Talseite sind ebenfalls verschieden groß. Malen Sie mit dem Aquarellpinsel auch hier Schicht um Schicht und lassen Sie die Farbe zwischendurch trocknen. Daß auch hier helle Papierstellen erhalten bleiben, ist notwendig, denn der Hell-Dunkel-Kontrast spielt auch in solchen Bildern eine große Rolle.

Als Farbimpression dominiert in diesem Bild das Grün, das nachträglich noch mit Gelb und Ocker überarbeitet wurde. Übermalen Sie nur mit kurzen Tupfern in einem Mal, damit sich die unteren Farbschichten nicht auflösen. Die dunkle Zeichnung (Blau-Schwarz) folgt ganz am Schluß.

*TIP:*
Fertigen Sie nach den Spritzern als Untergrund für das Bild eine kleine Schwarz-Weiß-Skizze der beabsichtigten Zeichnung an – mit Angabe der Hauptakzente.

*Rhônetal, Wallis*

2

# Lasieren

## *Vorzeichnen mit Filzstift oder Tusche*

Vorzeichnen mit Filzstiften oder Tusche hat den Vorteil, daß unbeschwert über die Zeichnung gemalt werden kann. Etwas kritischer kann es werden, wenn der Stift nicht wasserfest ist. Billige Filzstifte haben nämlich sehr häufig diese Eigenschaft. Außerdem ist es mit der Lichtechtheit auch nicht gut bestellt. Wenn Zeichnungen mit Filzstift lange von der Sonne beschienen werden, verlieren sie die Farbe. Möchten Sie Überraschungen vermeiden, kaufen Sie lichtechte und wasserfeste Stifte.

*1* Diese Rheinlandschaft bei Lahnstein skizzierte ich mit einem wasserlöslichen Filzstift. Da die Stimmung regnerisch war, lasierte ich die Skizze in schnellen Zügen. Einzelne Striche lösten sich auf, andere nur zum Teil. Das Zerfließen des Strichs kann die Stimmung also unterstützen und den Eindruck eines Regentages verstärken. Über nicht wasserfeste Stifte zu malen, ist immer mit Risiko verbunden!

Wenn Sie Experimente lieben, können Sie es ja einmal versuchen.

*Lahnstein am Rhein*

*1*

2

*Altstadtdächer von Bern*

*2* Wasserfeste Filzstifte oder Tusche erlauben eine unbeschwertere Malweise. Mit Tusche kann auf vielseitige Weise gearbeitet werden. Üblich sind Feder- oder Pinselzeichnungen, wobei es wichtig ist, daß die Striche nicht allzu dick ausfallen. Sie können aber auch eine Rohrfeder, einen Gänsekiel oder ein zugeschnittenes Zweiglein nehmen; unser Beispiel wurde mit einem Stück grünen Zweiges gezeichnet. Er hat gegenüber dem trockenen Holz den Vorteil, daß er elastischer bleibt und auf dem körnigen Malblock besser rutscht. Wenn Sie unsicher sind, versuchen Sie das Zeichnen jeweils auf einem Probeblatt, damit das Papier keine Kleckse bekommt. Eventuell zeichnen Sie das Motiv auch mit Bleistift und wenigen Strichen vor.

Nach dem Antrocknen der Tusche malen Sie in flüssiger Strichtechnik über die Zeichnung. Auch hier wäre es falsch, die Farben auf einzelne Gegenstände oder Felder zu begrenzen. Je flüssiger Sie arbeiten, umso frischer wird der Gesamteindruck. Übermalen Sie nicht die ganze Fläche und lassen Sie weiße Papierstellen frei. In diesem Bild dominieren die Blautöne, die zuletzt nach der Untermalung mit warmen Farben erfolgten. Die Strichtechnik auf dem noch feuchten Papier eignet sich dafür bestens.

# *Vorzeichnung mit Acrylfarbe*

*Komposition mit Cyclamen*

Alle wasserfesten Farben können auch nachträglich übermalt werden. Dafür eignet sich auch die Acrylfarbe vorzüglich, da hier gleichfalls viele Farbtöne erhältlich sind. Im vorliegenden Blumenbild handelt es sich um schwarze Acrylfarbe, die mit dem Pinsel gezeichnet wurde. Acryl hat den Vorteil, daß es wasserlöslich ist, nach dem Auftrocknen aber wasserfest bleibt. Deshalb empfehle ich Ihnen, den Pinsel nicht eintrocknen zu lassen und ihn nach der Arbeit sofort mit Seife zu reinigen. Mit einiger Übung gelingt die Anlage der Zeichnung direkt – ohne Anhaltspunkte mit Bleistift.

Die Acrylfarbe wird mit etwas Wasser verdünnt. Verwenden Sie zum Anrühren einen älteren Borstenpinsel. Je nach Beigabe der Wassermenge wird die Farbe transparenter und flüssiger. Ich bevorzugte in diesem Fall eine gut deckende Farbe für die Aufzeichnung.

Anstelle von Strichen werden beim Übermalen größere Tupfen oder Flecken angelegt, die Sie teilweise ineinanderfließen lassen.

Erst für das Malen der Blätter und Blüten lassen Sie vorher die Untermalung gut trocknen. Karminrot und Kobaltviolett ergänzen sich ausgezeichnet, wobei in mehreren Arbeitsgängen übermalt wird: wie immer die hellsten Farbtöne zuerst. Angestrebt wird ein rötlicher Farbklang.

Auch hier ist es nicht nötig, daß die Farbtupfen genau in die Zeichnung passen – im Gegenteil. Wie angenehm kann die Wirkung sein, wenn in einem Blütenblatt der gelbe Unterton noch sichtbar bleibt! Weiße Blüten sparen Sie teilweise aus oder tönen sie mit hellem Grau oder Blau (Kobalt).

Wichtig beim Malen von Blättern ist – wie bei den Blüten –, daß möglichst reichhaltige Farbunterschiede zustandekommen. Vom warmen Grün bis zum Grünblau sind viele Variationen möglich.

Malen Sie das Blatt auch nicht gleichmäßig aus, sondern orientieren Sie sich beim Lavieren an den Hinweisen auf S. 62/63. Die Pinselspitze halten Sie zur dunklen Stelle, den Pinsel selbst führen Sie flach und nicht aufrecht! Es ist ebenfalls von Wichtigkeit, daß Sie um die hellsten Blumen dunkel malen, oder doch wenigstens teilweise. Dies geschieht ebenfalls mit einem Verlauf.

Acrylzeichnungen können auch mehrfarbig sein, wobei ich die Farbe stets nach dem gewünschten Farbklang wähle. In diesem Bild könnte man auch gut mit Violett, Rot oder Grün vorzeichnen.

# Freie Malweise

## Unabhängiger Farbgrund in bewegter Strichtechnik

Der Freiheit beim Malen und insbesondere beim Aquarell sind keine Grenzen gesetzt. Es ist eine interessante Feststellung, daß Farbe und Form – auch wenn sie unabhängig voneinander hingesetzt werden – sich doch zu einem Ganzen vereinigen können. Beim Arbeiten hat das den großen Vorteil, daß Sie sich voll und ganz auf eine Phase konzentrieren können. Ähnlich wie bei den Lockerungsübungen (siehe S. 16ff.) gehen Sie auch hier mit der Farbe sehr frei um – ohne dabei an eine Zeichnung zu denken oder sich an einer Landschaft zu orientieren.

1

2

*1* Malen Sie direkt und ohne Vorzeichnung mit Farbe. Sie nehmen sich lediglich vor, einen Rot-Grün-Klang zu erzielen (Komplementärfarben). In Schwüngen, die Sie frei bestimmen, malen Sie zuerst Citrongelb, dann Kadmiumgelb dunkel, Orange und Karminrot in ein Blatt. Versuchen Sie, unregelmäßig große und kleine Schwünge anzulegen, und vergessen Sie auch hell und dunkel nicht.

*2* Nun malen Sie weiter mit den Grüntönen – teils mit Olive, teils mit Blau und Schwarz vermischt. Auch hier zuerst die hellen Farben einsetzen! Der Eindruck für das Auge wäre zu unruhig, wenn Sie genau gleich viel Rot und Grün verwenden würden. Deshalb versuchen Sie, dem Grün die Oberhand zu geben. Offene weiße Stellen müssen auch hier vorhanden sein. Falls Sie in der Natur malen, denken Sie überhaupt nicht an Bäume und Sträucher, Hügel und Landschaftsstrukturen. Malen Sie im wahrsten Sinne des Wortes frisch drauflos! Das Wichtigste ist, daß Sie interessante helle und dunkle Schwünge mit dem Pinsel setzen. Große und kleine Rundungen wechseln sich ab. Selbstverständlich können Sie es auch mit geraden Formen versuchen. Beim Übermalen müssen nicht immer scharfe Kanten entstehen: Lassen Sie die Farben teilweise ineinanderlaufen.

3 Nun skizzieren Sie eine Landschaft – entweder die, die sich vor Ihren Augen befindet, oder aus der Phantasie. Wählen Sie auf dem Skizzenblock einen Bildausschnitt oder versuchen Sie direkt mit dem Pinsel auf den vorbereiteten, farbigen Grund zu malen. Mit dem dünnen Haarpinsel zeichnen Sie Bäume, Häuser, Dächer, Kamine etc. ein – alles, was Ihnen Freude macht. Selbstverständlich ist dabei aber auch eine gewisse Beschränkung notwendig.

Sie mischen einen oder mehrere Farbtöne und zeichnen die Linien mit ungleich dicken Strichen ein. Bei mehreren Farben wechseln Sie ab; einmal Stämme mit einer Farbe, ein andermal die Gebäude.

Die Farbe der Zeichnung sollte dunkel genug sein, damit sie sich abhebt.

Nun werden Sie eine interessante Feststellung machen: daß sich nämlich die meisten Farben des Untergrundes mit der Zeichnung gut vertragen.

*FAZIT:* Farben und Formen können auch unabhängig voneinander in einem Bild gemalt werden. Falls einige Töne störend oder unpassend sind, ergänzen Sie diese (Beispiel: Dächer, Kamine, Tanne, Gebäude).

*Bewegte Landschaft* 3

# *Farbgrund in Strichtechnik und Pinselzeichnung nach der Natur*

Wird der Zeichnung mehr Gewicht beigemessen als den Farben, so sprechen wir von einem zeichnungsbetonten Bild – im Gegensatz zum farbbetonten auf der vorhergehenden Seite. Es gibt Künstler, deren Stärke in der Zeichnung liegt; andere wiederum sind mehr farbbegabt.

Wählen Sie etwas weniger harte Farbkontraste. In diesem Fall sind es Brauntöne und grünblaue Flächen. Zugunsten der Architektur lassen Sie die Pinselstriche in senkrechten und waagrechten Bewegungen laufen. Auf dem gelben Grundton lassen Sie die Brauntöne dominieren. Sie arbeiten wieder unabhängig von der Zeichnung und achten auf eine interessante Farbkomposition. Helle Farben zuerst malen, dunkle am Schluß. Den Schwerpunkt setzen Sie in die untere Bildhälfte.

Nachdem Sie dunkle Braun und Blau im Kastendeckel mit dem großen Pinsel vorgemischt haben, zeichnen Sie nun die gewünschte Architektur mit dem Schlepper ein. Vergessen Sie beim Zeichnen nicht, daß die Pinselstriche nur zum Andeuten und Hervorheben benötigt werden. Es wäre falsch, wenn Sie die Gebäudeseite rundherum »einfassen« würden.
Indem Sie sich beim Zeichnen – neben den Formen – auch auf die Hell-Dunkel-Situation konzentrieren, dunkeln Sie die Schattenpartien mit dem großen Pinsel nach. Bei den Mauern sind scharfe Kanten angebracht, d. h. der Untergrund muß vor dem Übermalen trocken sein. Falls einige helle Partien nicht mehr vorhanden sind, versuchen Sie, diese mit Chinesischweiß zu ergänzen. Auch hier führen Sie den Pinsel quer, wie auf S. 34/35 erklärt. Die ganze Malweise hat nebst dem Überraschungseffekt den Vorteil, daß Sie Farbtöne im Bild erhalten, die Sie in der gebräuchlichen Technik wohl nicht gewagt hätten.

*Altstadthäuser von Bern*

# Inspiration durch einen farbigen Grund – Arbeiten nach Phantasie

Farben können unabhängig von der Zeichnung gemalt werden, wie Sie es auf S. 116ff. erlebt haben. Dies geschah während eines Malprozesses mit einem bereits ausgewählten Motiv. Daß Farben aber auch Ideen geben und inspirierend wirken können, möchte ich Ihnen am folgenden Beispiel zeigen.

1

*1* Frei von jeglichen konkreten Vorstellungen verteilen Sie nach Lust und Laune Farben auf Ihrem Malgrund. In diesem Fall sind es Citrongelb, Umbra Natura, Karminrot, Ultramarinblau und Schwarz. Mit freien Pinselbewegungen legen Sie warme und anschließend kalte Farben an. Sie malen die Töne beliebig in das Blatt und denken an kein bestimmtes Motiv. Zwischendurch vergewissern Sie sich, ob helle und dunkle Farben in Ihrem Bild vorkommen. Nun lassen Sie die Farbstimmung auf sich einwirken. Betrachten Sie Ihr Skizzenbuch. Falls keines vorhanden ist, blättern Sie in einem Buch mit Aufnahmen oder betrachten eine Zeitschrift.

*2* Während ich in meinen Skizzenbüchern blätterte, stieß ich auf die Israelreise und die Jerusalemer Skizzen. Plötzlich wurde mir klar, daß diese Farben für ein Bild aus Jerusalem paßten. Mit dem Bleistift zeichnete ich die Umgebung ein und anschließend mit dem dünnen Haarpinsel in drei Farben die Zeichnung (Rotbraun, Dunkelbraun und Blau). Verwenden Sie dafür Tempera-Farben (auch Gouache genannt), die deckend

2

*Jerusalem*

sind und sich zum Übermalen gut eignen. In den dunklen Stellen benötigte ich zusätzlich Weiß, wobei ich zuletzt mit hellen und dunklen Grün die Zeichnung ergänzte.

Sie werden auch hier staunen, wie die anscheinend fremden Farben sich mit der Zeichnung gut vereinigen. Herrscht z. B. schlechtes Wetter, oder wenn Sie arbeiten möchten und keinen Entschluß fassen können, was zu tun ist, so wenden Sie dieses Verfahren an; ich bin überzeugt, daß Ihnen Ihr Werk gelingen wird.

Bei diesem Bild ist die Vorgehensweise ähnlich wie auf der vorhergehenden Seite. Es ist Ihnen sicher auch schon so ergangen, daß Sie z. B. in einer Baumrinde, einem Boden (Mosaikboden im Badezimmer), einer Tapete etc. Figuren oder Landschaften entdeckt haben. Die Einwirkung der Farben und Formen beginnt unsere Phantasie zu wecken, spontane Pinselstriche werden zu formalen Gebilden. Solche Malerei wird als »Ausdrucksmalen« bezeichnet, wobei das Resultat nicht immer gegenständlicher Art sein muß.

*1*

*1* Ich ließ mich von der Schönheit der Erdfarben leiten und versuchte, die Vielseitigkeit der Brauntöne auf einem Blatt zur Wirkung zu bringen. Neben Umbra natura verwendete ich auch gelben Ocker; einige Braun entstanden durch Mischen von Zinnoberrot und Schwarz. Über diese braunen Farben verteilte ich einige Striche in Kobaltblau. Nach dem Trocknen ließ ich das Gesamtbild wieder auf mich einwirken. Immer mehr verspürte ich Lust, daraus eine Wüstenlandschaft zu entwickeln. Es fehlten ja praktisch nur noch einige Kamele und Nomaden.

*2* Mit der Temperafarbe überarbeiten Sie nochmals Ihren Grund, übermalen störende Stellen oder entwickeln eigene Formen, wie in meinem Beispiel das Rot oben links, das Grün und das Gelb. Mit meinem Skizzenbuch als Anregung zeichnete ich mit Bleistift Menschen und Tiere ein. Diese brauchen indessen nur angedeutet zu werden; die Farben sollen immer noch den Hauptanteil des Bildes ausmachen. Möchten Sie einige Stellen gut überdecken, so verwenden Sie die Tempera nur mit ganz wenig Wasser. Bei einer Mischtechnik wie in unserem Beispiel sollte immer eine der beiden oder mehreren Techniken die Oberhand behalten, damit das Bild einheitlich wirkt. In unserem Fall ist es der Aquarellgrund, der noch immer dominiert.

Zurückkommend auf das menschliche Auge ist folgendes festzustellen: Sobald Gegenstände (in unserem Fall Menschen und Kamele) in zufällig hingeworfene Farben gesetzt werden, beginnt das Blatt zu leben. Die Striche werden in unserer Phantasie zu Sanddünen und Wolken – ein Beweis dafür, wie unser Auge beeinflußbar ist. Lassen Sie sich beim Malen mehr von den Augen als vom Intellekt leiten!

2

Wüstenlandschaft

# Ungegenständliche Aquarelle

## Entwicklung von Skizzen aus den fünf Grundformen

Ein ungegenständliches Aquarell erhebt keinen Anspruch auf Wiedergabe eines gegenständlichen Motivs. Es will sich von solchem Zwang befreien. Sein Ursprung ist vielseitig, der erste Schöpfer war Kandinsky. Gefühlsstimmungen einerseits, Wiedergabe seelischer Empfindungen und vieles andere mehr können der Ausgangspunkt sein. Ich empfehle Ihnen für den Anfang, sich auf die Grundformen (siehe S. 102) zu besinnen, wobei Sie sich vornehmen, sechs Felder in ganz verschiedenen Farbstimmungen und Formen zu beleben.

*1* Auf hellem, gelben Grundton arbeiten Sie mit verschiedenen Gelbtönen. Ich empfehle Ihnen, mit der Tupftechnik zu beginnen, um anschließend gerade Linien in das Blatt zu verteilen. Je spontaner dies geschieht, umso interessanter wird das Resultat sein. Als zusätzliche Farbtöne wählen Sie Violett, also eine Komplementärfarbe.

*2* Diesmal arbeiten Sie auf einem Grund, der mit dunkleren gelben Farben vorgetönt ist. Ebenfalls mit Tupftechnik lassen Sie zusätzliche Farben ineinanderlaufen. Sie steigern die Farben in Rot und Braun, damit ein warmer Farbklang entsteht. In diese Komposition hinein arbeiten Sie waagrechte und schräge Linien, wobei eine Konzentration von Strichen mit wiederum unregelmäßigen Abständen entstehen soll. Versuchen Sie auch, helle und dunkle Partien gegeneinander auszuspielen.

*3* Auf ein helles Ockergelb als Grundton malen Sie Dreiecksformen; größere und kleinere, dickere und dünnere. Dabei können diese schon andeutungsweise im verlaufenden Ockergrund gemalt werden. Wie bei den vorangehenden Versuchen zeichnen Sie die Dreieckslinien zum Schluß mit dünnem Haarpinsel ein.

*4* Der Vorgang ist ähnlich wie bei Bild 3, dagegen malen Sie hier auf einem hellroten Grund andere Dreiecke. Durch Überarbeitung des Karminrot mit Ultramarinblau entsteht ein Violettklang. Achten Sie auch hier auf die Konzentration von hellen und dunklen Stellen.

*5* In diesem Bild untermalen Sie mit Coelinblau oder Türkis, überarbeiten mit Ultramarin und Schwarz. Zusätzliche Farben werden wiederum nur andeutungsweise eingestreut. Als Formen wählen Sie Rechtecke jeglicher Größe – auch schmale und breite. Selbstverständlich besitzt ein Blauklang auch warme Farben.

*6* Auf einem hellgrünen Malgrund arbeiten Sie mit diversen Grüntönen; die hellen zuerst! Dies hat zur Folge, daß die Formen nicht kleinlich wirken. Die dunklen Töne – warme und kalte – kommen am Schluß. Hier wählen Sie den Kreis und versuchen wie bei allen Bildern, großzügig vorzugehen, indem Sie den Blattrand anschneiden und überschreiten.

1

2

3

4

5

6

# Spontane Naß in Naß Technik

Mit dem größten Pinsel befeuchten Sie das Blatt mit einem hellen, rötlichen Grundton. In die noch feuchten Farben malen Sie spontane Formen in schnellen Bewegungen. Lassen Sie die Farben ineinanderlaufen und ausblühen (siehe S. 109). Als tragende Farbe wählte ich hier einen Violett-Ton. Mit Rot, Grün, Blau und Schwarz unterstreichen Sie die Bewegungen. Nach dem Antrocknen der Farben arbeiten Sie mit dem dünnen Haarpinsel ähnliche Schwünge ein; versuchen Sie auch hier bestimmte Konzentrationen von Linien und Formen zu erreichen. Wenn Sie die Bewegungen wiederholen, entsteht ein Rhythmus, der Ihre Komposition verstärkt, ähnlich wie in der Musik. Ich hellte zum Schluß einzelne Bewegungen mit Chinesischweiß auf und verstärkte durch Lampenschwarz.

# Komposition in Laviertechnik

Mit breiteren und schmaleren waagrechten Feldern legen Sie Brauntöne aufs Blatt. Sie halten den Pinsel möglichst flach, in Richtung quer zum Strich (siehe S. 36/37, 62/63). Bevor Sie übermalen, die Farbe gut antrocknen lassen. Hellere und dunklere Brauntöne ergeben bald einmal ein rhythmisches Spiel mit Waagrechten. Je mehr Sie das Braun variieren, d. h. mit Rot, Blau oder Grün mischen, desto reicher wird Ihr Bild. Bei derart wenigen Formen (es dominiert ja schließlich nur die Waagrechte), ist es besonders wichtig, daß die Flächen ungleich breit sind und durch unregelmäßige Abstände Spannungen entstehen. Ebenso dürfen ganz helle und wiederum dunkle Verläufe nicht fehlen. Durch mehrmaliges Überarbeiten entstehen z. B. dunklere Farben. Verläuft Ihnen die Farbkante, so lassen Sie diese trocknen und übermalen anschließend nochmals. Die weiße Bildfläche trägt ebenfalls zur Kontrastbildung bei. Mit dünnen Farbstiftlinien können Sie das Bild zusätzlich ergänzen.

# *Kombination Spritz- und Wachstechnik*

Mit hellem, dünnem Grün bemalen Sie in lockeren Schwüngen die Malfläche und lassen möglichst viele weiße Stellen stehen. In die noch feuchten Flächen spritzen Sie Farbe. Die Farbspritzer verlaufen teilweise in den Malgrund und wirken dadurch nicht hart. Auf den getrockneten Grund zeichnen Sie mit einer weißen Wachskerze einige Formen und Linien, teils konzentriert, teils mit größeren Abständen. Nun übermalen Sie in einem Strich nochmals die Bildfläche mit denselben Farben wie zu Beginn (Gelb, Grün und Blau). In die noch feuchte Fläche zeichnen Sie mit einem Zweiglein, einem Gänsekiel oder einer Rohrfeder Tuschstriche und -formen. An der Stelle der Wachslinien wird die Farbe nicht haften und verschwinden, teilweise blüht die Tusche in die anderen Farben hinein. Das Zusammenspiel dieser verschiedenen Techniken kann eine reizvolle Komposition ergeben, besonders dann, wenn durch das Grünblau die Einheit der Farbwirkung wieder hergestellt wird. Ebenso soll das Blau nicht eintönig bemalt sein, sondern helle und dunkle Stellen aufweisen.

Ungegenständliche Übungen haben folgende Vorteile: Durch das Wegfallen der Gegenstände sind Sie allein auf Komposition und Farben angewiesen. Treten hier Schwachpunkte und Spannungslosigkeit auf, wird sich dies für den Betrachter viel schneller auswirken, als wenn das Ganze wie gewöhnlich durch ein Sujet »gerettet« wird. Zum Üben der Formen und Farben ist diese Malerei eine ausgezeichnete Schule.

# Register

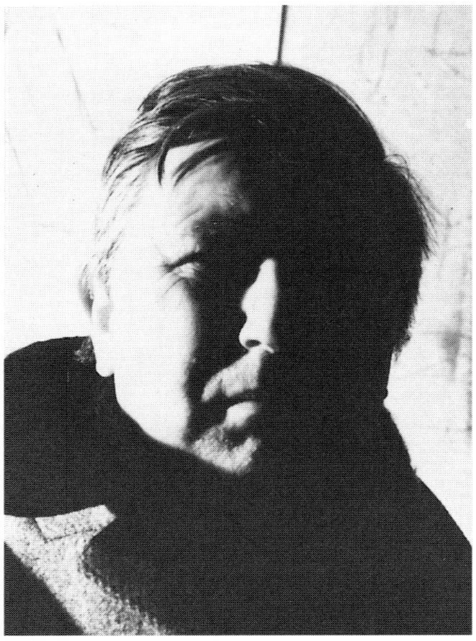

# *Zum Autor*

Im romantischen Bauernstädtchen Büren an der Aare (Kt. Bern) wurde Ronald Kocher 1929 geboren. Nach der Gymnasialzeit erlernte er den soliden Grafikerberuf. Das Studium der Farbe und der Malerei begann er in einer privaten Malschule in Bern. Gleich nach dem Krieg besuchte er die Hochschule der Bildenden Künste in Düsseldorf. Ein Stipendium ermöglichte dem wissensdurstigen jungen Künstler einen Aufenthalt in der staatlichen Pariser Akademie unter der Leitung des bekannten Malers Marcel Gromaire.

Die Liebe zum spontanen Malen erweckte in ihm schon früh die Lust zum Aquarellieren. Gerade in dieser Technik entstanden nicht nur unzählige Skizzenbücher, sondern in zahlreichen Austellungen in der Schweiz, Frankreich und Deutschland waren seine Landschaften, Blumen, Menschen und Tierbilder in der Aquarelltechnik zu bewundern.

Ronald Kocher arbeitete auch als Bildhauer u. a. wirkte er bei der Restaurierung der Kathedrale von Metz mit. In seiner Schaffenszeit entstanden über 40 großformatige Aubusson-Wandteppiche. Diese Vielseitigkeit erlaubte es dem Autor, eine eigene Malschule zu gründen.

**Die Deutsche Bibliothek – CIP-Einheitsaufnahme**

Ein Titeldatensatz für diese Publikation ist bei Der Deutschen Bibliothek erhältlich.



Die Materialtafeln und einzelne Aufnahmen erstellte André Roulier, Fotograf in Zimmerwald (Schweiz).

Meiner Frau danke ich für die aufopfernde Mithilfe beim Schreiben des Manuskripts.

Lektorat: Eva-Maria Müller, Augsburg
Umschlagkonzeption: Kontrapunkt, Kopenhagen
Umschlaggestaltung: Melanie Gradtke
Layout: Anton Walter, Gundelfingen

AUGUSTUS VERLAG, München 2000


Satz: Gesetzt aus 10 Punkt Usherwood Book in Quark-X-Press von Walter Werbegrafik, Gundelfingen
Reproduktion: Repro Ludwig, A-Zell am See
Druck und Bindung: Westermann-Druck, Zwickau

Gedruckt auf 150 g umweltfreundlich elementar chlorfrei gebleichtes Papier.

ISBN 3-8043-0334-X
Printed in Germany